詳解
'24年版
2級管工事施工
管理技術検定
過去6回問題集

別冊

JN004148

正答・解説編

矢印の方向に引くと
正答・解説編が取り外せます。

別冊
正答・解説編

成美堂出版

CONTENTS

正答・解説

解答例・解説 ※第二次検定の解答用紙・解答例は本書独自の見解です。

【略語一覧】

建築物衛生法	「建築物における衛生的環境の確保に関する法律」
フロン排出抑制法	「フロン類の使用の合理化及び管理の適正化に関する法律」
建設リサイクル法	「建設工事に係る資材の再資源化等に関する法律」
廃棄物処理法	「廃棄物の処理及び清掃に関する法律」
建築物省エネ法	「建築物のエネルギー消費性能の向上に関する法律」
家電リサイクル法	「特定家庭用機器再商品化法」
液石法	「液化石油ガスの保安の確保及び取引の適正化に関する法律」

2級管工事施工管理技術検定 第一次検定 正答・解説

No.1	環境工学（湿り空気）	正答	4

1 ○ 飽和湿り空気は、乾き空気の中に水蒸気が限界まで入りこんだ状態で相対湿度100%をいう。

2 ○ 絶対湿度は、湿り空気中に含まれている乾き空気1kgに対する水蒸気の質量で示し、単位はkg/kg（DA）を用いる。また、相対湿度〔％〕は、ある湿り空気の水蒸気分圧〔Pa〕とその温度と同じ温度の飽和湿り空気の水蒸気分圧〔Pa〕との比で表す。

3 ○ 飽和湿り空気の乾球温度と湿球温度は等しい。不飽和湿り空気の湿球温度は、その乾球温度より低くなる。

4 × 湿り空気を加熱しても、その絶対湿度は変化せず、相対湿度が下がる。

No.2	環境工学（室内空気環境）	正答	3

1 ○ 室内の浮遊粉じんは、人体の呼吸器系に影響を及ぼすため、浮遊粉じん量は、室内空気の汚染度を示す指標の一つとなっている。居室の環境基準における許容濃度は0.15mg/㎥以下と定められている（建築物衛生法施行令第2条第一号イ）。

2 ○ 臭気は、空気汚染を示す指標の一つであり、臭気強度や臭気指数で表す。臭気強度は、においの程度を0（無臭）から5（強烈なにおい）の6段階で示したもので、臭気指数は、人間の嗅覚によってにおいの程度を数値化したもので、臭気指数＝10×log（臭気濃度）で示す。例えば、もとの臭いを100倍に希釈して、臭いを感じ取れなくなった場合、臭気濃度は100、臭気指数は20となる。

3 × 居室の必要換気量は、二酸化炭素濃度の許容値に基づいて算出される。二酸化炭素濃度は、室内空気質の汚染を評価するための指標として用いられ、室内における許容濃度は0.1%（1000ppm）以下となっている。

4 ○ ホルムアルデヒドは、揮発性有機化合物（VOCs）の一種で、室内濃度が高くなると、目や呼吸器系を刺激し、アレルギーを引き起こすおそれがある。居室の環境基準における許容濃度は0.1mg/㎥以下と定められている。

No.3	流体工学	正答	1

1 × 全圧＝静圧＋動圧＋位置圧である。空気の場合、位置圧は0（ゼ

1

ロ）となるため、全圧＝静圧＋動圧となる。

2 ○ 水の粘性係数は、空気の粘性係数より大きい。粘性係数は、液体では温度が高くなるにつれて**減少**し、気体では温度が高くなるにつれて**増大**する。

3 ○ ピトー管は、下図のように流れに平行に置かれた2重管の先端部の孔で測定した全圧と、**側壁に設けた孔で測定した静圧**との差から**動圧を測定**し、流速を測定する器具である。

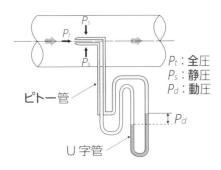

P_t：全圧
P_s：静圧
P_d：動圧

ピトー管

U字管

〔ピトー管の例〕

4 ○ レイノルズ数は、管路を流れる流体が**層流か乱流か**を判定するのに用いられる。**レイノルズ数が大きくなると層流から乱流に変化**する。レイノルズ数Reは、流速だけでなく管径や流体の粘性などで決まる。

No. 4	熱工学（伝熱）	正答	2

1 ○ 熱伝導とは、物体の内部において、**温度の高い方から低い方に熱エネルギーが移動する現象**をいい、物体の熱の伝わりやすさを示したものを**熱伝導率**という。

2 × 固体壁とこれに接する流体間の熱移動を**熱伝達**といい、その**熱伝達量**は、固体表面と流体の温度差が大きくなると**大きくなる**。したがって、**固体表面と流体の温度差に比例**する。

3 ○ 熱伝導率は**材料固有のもの**で、**熱の伝わりやすさの度合い**を示す。単位はW／（m・K）である。

4 ○ 熱は、低温の物体から高温の物体へ**自然に移ることはない**。これは、熱力学の第二法則（クラウジウスの原理）である。

No. 5	電気設備	正答	4

1 ○ F（Fuse）は、ヒューズの文字記号である。

2 ○ FEP（Flexible Electric Pipe）は、**波付硬質合成樹脂管（波付硬質ポリエチレン管）**の文字記号である。FEPは主に**地中埋設配管**として用いられている。

3 ○ VT（Voltage Transformer）は、**計器用変圧器**の文字記号である。VTは高電圧を計器や継電器に必要な電圧（通常は110 V）に変換するものである。

4 × SC（Static Condenser（Capacitor））は、**電力用コンデンサ**の文字記号

である。**過負荷欠相継電器**の文字記号は**2E**である。

No.6	コンクリート工事	正答	**1**

1 × **水セメント比**（水セメント比＝水質量／セメント質量×100％）が大きくなると、コンクリートの**圧縮強度**は**小さく**なる。

2 ○ コンクリートは、気温が**高い**と**早く固まり、低い**とゆっくり固まる（強度の発現が遅いので**存置期間は長くなる**）。

3 ○ **梁の打継ぎ**は、できるだけ少なくし、梁の付け根を避けて**せん断力の小さい梁中央付近**に設ける。

4 ○ コンクリートを打ち込む場合、原則として**横流し**（バイブレーターの振動で遠くまで流すこと）**をしてはいけない**。

No.7	空気調和設備の省エネルギー計画	正答	**4**

1 ○ **全熱交換器**は、空調された室内の排気の熱（全熱）を**外気取入れ時**に熱回収する装置で、省エネルギーに有効である。

2 ○ **高効率の機器**を採用することにより、エネルギー利用の効率化を図ることができる。

3 ○ **熱源機器を複数台に分割**することで、時間毎の熱負荷に応じて、熱源機が最も効率の良い運転となるよう、熱源機の台数制御を行い、順位を設定しエネルギー消費量の削減を図ることができる。

4 × 暖房時に限らず冷房時も**外気導入量を多くする**と、暖房負荷または冷房負荷が大きくなるため省エネルギーにならない。

No.8	空気調和（暖房時の湿り空気線図とシステムの関係）	正答	**3**

設問の暖房時の湿り空気線図に示されたa〜eの状態点と空気調和システム図を照らし合わせると、a点は①**室内（居室）空気**、b点は**外気**、c点は②**室内（居室）空気と外気の混合空気（加熱コイル入口空気）**、d点は③**加熱コイル出口の空気**、e点は④**加湿器出口の空気**（または室内吹出し空気）の状態となる。したがって、d点は③となり、**3**が正しい。

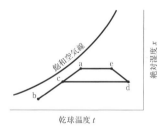
暖房時の湿り空気線図

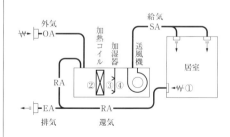
空気調和システム図

No. 9	空気調和（熱負荷）	正答	**1**

空調負荷には**冷房負荷**と**暖房負荷**があり、**顕熱**と**潜熱**を分けて計算する。**顕熱**は**室温**を変化させる熱負荷で、**潜熱**は室内の**湿度**を変化させる熱負荷である。それぞれの内容を下表に示す。

〔冷房負荷〕

種類		内容	顕熱	潜熱
室内取得負荷	太陽日射	外壁・屋根	○	―
		窓ガラス（日射）	○	―
	伝導熱	床（天井）・内壁・建具	○	―
		窓ガラス	○	―
	室内発生熱	人体	○	○
		照明器具	○	―
	侵入外気	すきま風	○	○
外気負荷		換気による損失（取り入れ外気）	○	○

〔暖房負荷〕

種類		内容	顕熱	潜熱
室内損失負荷	伝導熱	外壁・屋根・窓ガラス	○	―
		床（天井）内壁・建具	○	―
	侵入外気	すきま風	○	○
外気負荷		換気による損失（取り入れ外気）	○	○

1 × **日射負荷**は、**顕熱のみ**である。日射の影響による負荷は、外壁、屋根、ガラス窓がある。

2 ○ **外気負荷**には、顕熱と潜熱がある。

3 ○ **顕熱比（SHF）**とは、全熱負荷（顕熱負荷＋潜熱負荷）に対する**顕熱負荷の割合**のことである。

4 ○ 冷房負荷と暖房負荷には、それぞれ顕熱と潜熱がある。

No. 10	空気調和（空気清浄装置）	正答	**4**

1 ○ **静電式**は、高電圧を使って粉じんを帯電させて除去するもので、比較的微細な粉じんまで捕集可能で**一般空調用**として使用されている。

2 ○ **ろ過式**には、粗じん用から**HEPA（高性能フィルター）**まで多くの種類がある。

3 ○ エアフィルターの**粒子捕集原理**は、**遮り（ろ過）、衝突、粘着、吸着、静電気**などがある。

4 × エアフィルターの空気通過速度を速くすると、**圧力損失は大きく**なる。

No. 11	冷暖房設備（コールドドラフト）	正答	**2**

1 ○ 自然対流形の放熱器の表面温度と室内温度の差を**小さくする**と、室内空気の上下温度差が小さくなり冷風が下降しにくくなるため、**コールドドラフトが軽減できる**。

2 × **放熱器**は、外壁側窓下付近に設置することで、窓で冷やされた冷気が下降するのを防ぐことができる（次ページの図参照）。

〔放熱器の設置位置（内壁側）〕

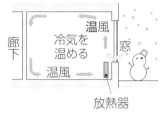

〔放熱器の設置位置（外壁側）〕

3 ○ エアフローウィンドウは、二重窓ガラスによる断熱効果と室内側窓からの熱放射を低減することにより、**窓面の熱負荷を低減する**ことができる。

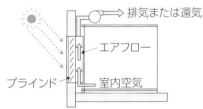

〔エアフローウィンドウの例〕

4 ○ 外壁に面する**建具の気密性を高め**、**すきま風を減らす**ことにより、冷気の室内への侵入を防ぐ。

No. 12	冷暖房設備 （空気調和機）	正答	3

1 ○ 冷房運転の場合、**外気温度が高く**なると成績係数（COP）が低下し、**運転効率は低下する**。また、暖房

運転では外気温度が低くなると運転効率は低下する。

2 ○ **マルチパッケージ形空気調和機**は、一般ビル建築物では、冷房と暖房を切り替えて使用する2管式が採用されることが多い。3管式は、**1台の屋内機で冷房と暖房を屋内機ごとに選択**でき、同一系統内で冷暖房が混在する場合は、他のユニットからの排熱回収が図れる。

3 × 屋内機と屋外機を接続する冷媒配管長さや高低差により**能力が変化**するため、冷媒配管の高低差、冷媒配管の長さが**制限されている**。

4 ○ **外気温度が低い時**に暖房運転を行うと、屋外機の熱交換器に霜が**付着する**ことがある。熱交換器に霜が付着したまま運転を続けると熱交換器を空気が通過できなくなり、暖房能力が低下する。そのため**除霜（デフロスト）運転**などにより屋外機の熱交換器の除霜をしている。

No. 13	換気設備 （室と換気の要因）	正答	1

1 × 電気室は、**熱の排出**が主な要因である。なお、**汚染物質が発生する室**では、汚染物質を排出するため局所換気が有効である。

2 ○ シャワー室は、**湿気（水蒸気）**の排出が主な要因である。

3 ○ ボイラー室は、**燃焼空気（酸素）**

の供給のほか**熱**の排出が要因である。

4 ○ 書庫は、臭気のほか、**熱、湿気**の排出が主な要因である。

No. 14	換気設備（換気に関する一般事項）	正答	**3**

1 ○ 自然換気には、**風力換気と温度差（重力）換気**によるものがあり、温度差換気は室内外の**温度差による浮力等**によって換気が行われる。

2 ○ 機械換気は、**送風機等**を利用して室内の空気を入れ替える方法で、給気ファンと排気ファンによる**第1種機械換気**、給気ファンと排気口による**第2種機械換気**、給気口と排気ファンによる**第3種機械換気**がある。

3 × **必要換気量**とは、室内空気を適切な状態に保つために**導入する外気量（新鮮空気量）**のことである。

4 ○ 局所換気とは、汚染物質が発生する場所を**局部的に換気する方法**である。一般に、発生源の近くに排気フード（囲い）を設けて行う。

No. 15	上水道	正答	**1**

1 × 配水管への取付口の位置は、他の給水装置の取付口から**30cm以上**離すものとする（水道法施行令第6条第1項第一号）。（右段の図参照）

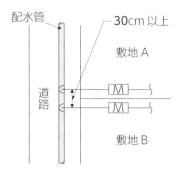

配水管　　30cm以上　　敷地A　　道路　　敷地B

2 ○ 軟弱地盤や構造物との取り合い部等の不同沈下のおそれのある箇所には、**可とう性のある伸縮継手**を設ける。なお、埋設部に伸縮しない継手を用いた場合は、露出配管部に伸縮継手を20〜30ｍの間隔で設ける。

3 ○ 給水装置とは、水道事業者の布設した配水管から**分岐して設けられた給水管及びこれに直結する給水用具**をいう。したがって、**受水槽以下の給水管や給水用具は給水装置ではない**。

4 ○ 管の誤認を避けるため、市街地等の道路部分に布設する外径**80mm以上**の配水管には、**管理者名、布設年次等を明示するテープ**を取り付ける。

No. 16	下水道	正答	**4**

1 ○ **下水**とは、生活若しくは事業（耕作の事業を除く。）に起因し、若しくは付随する**廃水（汚水）**又は**雨水**をいう（下水道法第2条第一

6

号)。

2 ○　下水道には、**合流式**と**分流式**があり原則として**分流式**とする。分流式では、降雨時の路面排水は**直接公共用水域に放流**される。

3 ○　公共下水道の設置、改築、修繕、維持その他の管理は、**市町村（地方公共団体）**が行う。

4 ×　下水道本管への取付管の最小管径は**150mmを標準**とし、取付け位置は、**本管の中心線から上方に取り付ける。**

管頂 120°の間に取り付ける。

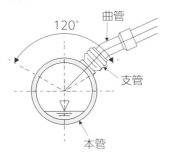

120°　曲管

支管

本管

| No. 17 | 給水設備 | 正答 | 1 |

1 ×　受水タンクのオーバーフローの取り出しは、**給水が逆流しないように吐水口空間**をあけて給水管の**吐水口端の高さより下方**とする。

2 ○　揚程が**30mを超える給水ポンプ**の吐出し側に取り付ける逆止め弁は、スモレンスキチャッキバルブなどの**衝撃吸収式**とする。

3 ○　受水タンクへの給水には、ボールタップや定水位弁（副弁付き定水位弁）が用いられる。

4 ○　**クロスコネクション**とは、飲料水系統とその他の系統が、配管・装置により**直接接続**されることをいう。なお、上水配管と井水配管とを逆止弁及び仕切弁を介して接続してもクロスコネクションとなる。

| No. 18 | 給湯設備 | 正答 | 3 |

1 ○　瞬間式湯沸器の号数は、水温を25℃上昇させるときの流量の値をいい、1号は1.75kWで1分間当たり1Lの湯量である。また、加熱能力は**瞬時最大流量**に基づき算定する。

2 ○　貯湯式給湯器には、機器内の貯湯槽内にあらかじめ貯えた水を加熱するものであり、**開放型**と**密閉型**がある。

3 ×　**密閉式膨張タンク**は、機械室に設置できるので、凍結防止になる。なお、密閉式膨張タンクについて令和3年度（後期）No.11選択肢3の図も参照のこと。

4 ○　集合住宅の住戸内配管は、さや管ヘッダー方式とする場合がある。

| No. 19 | 排水・通気設備 | 正答 | 1 |

1 ×　排水管の管径は最小**30mm**とし、かつ**トラップの口径より小さ**

くしてはならない。また、**通気管**の最小管径も**30mm**とする。

2○ トラップの深さは、浅いと封水が切れやすく、深いと底部に固形物が溜まるため、**50〜100mm**とする。

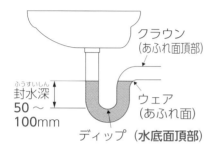

クラウン
（あふれ面頂部）

ふうすいしん
封水深
50〜
100mm

ウェア
（あふれ面）

ディップ（水底面頂部）

3○ 飲料用タンクの間接排水管の**排水口空間**は、**排水管の管径によらず、最小150mm**とする。

4○ 横走排水管に設ける掃除口の取付け間隔は、管径が100 mm以下の場合は**15m以内**、100 mmを超える場合は**30m以内**が望ましい。また、掃除口の大きさは、管径が100mm以下の場合は、**配管と同一管径**とし、管径が100mmを超える場合は**100mmより小さくしてはならない。**

| No. 20 | 排水・通気設備 | 正答 | **4** |

1○ 排水槽の吸込ピットは、排水用水中モーターポンプ吸込部の周囲及び下部に**200mm以上**の間隔を持たせる。
（右段の図参照）

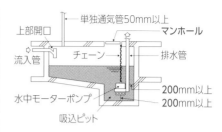

単独通気管50mm以上
マンホール
上部開口
チェーン
排水管
流入管
水中モーターポンプ
200mm以上
200mm以上
吸込ピット

2○ 排水立て管の上部は、管径を**縮小せず伸頂通気管として延長し、**大気に開放する。

3○ 排水管は、立て管又は横管のいずれの場合でも、排水の流下方向の管径は絶対に**縮小してはならない。**

4× ループ通気管（回路通気管）は、最上流の器具排水管が排水横枝管に接続した点のすぐ**下流から立ち上げる**（その系統の末端の器具の立て管よりに通気管を取り出す方式である。その階における最高位置の器具のあふれ縁より**150mm以上立ち上げて**通気立管に接続する。）。

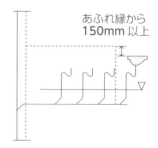

あふれ縁から
150mm以上

| No. 21 | 屋内消火栓設備の加圧送水装置方式 | 正答 | **2** |

加圧送水装置の方式は、**高架水槽方**

8

式、圧力水槽方式、ポンプ方式の3種類である。

よって、水道直結による方式の2が誤りである。令和4年度（後期）No.21選択肢1の解説も参照のこと。

No.22 ガス設備　正答 3

1○ 液化石油ガス（LPG）は、ボンベに高圧で封入されているので、**調整器**で燃焼に適した圧力に**減圧**する。

2○ **液化天然ガス(LNG)は、無色・無臭**の液体であり、液化する際に硫黄分やその他の不純物が除去されている。

3× ガスの比重の大小は、ガス燃焼機器ノズルからの**ガス噴出量に影響する**。ガス噴出量は、ノズル径

の2乗に比例する。

4○ 液化石油ガス（LPG）は、**本来、無色無臭のガス**である。ただし、ガス漏れを発見しやすいようにわざとタマネギが腐ったような臭いをつけている。

No.23 屎尿浄化槽の処理対象人員算定基準　正答 3

1○ 事務所
2○ 集会場
3× 公衆便所
4○ 共同住宅

処理対象人員を算定する際、**延べ面積**によることが適当でないものは、**公衆便所**である。公衆便所は、総便器数（個）に定数16を乗じて算定する。その他の処理対象人員算定基準については、下表参照のこと。

No.23 〔処理対象人員算定基準〕抜粋（JIS A 3302より）

建築用途		処理対象人員	
		算定式	算定単位
住宅	$A \leq 130$ の場合	$n = 5$	n：人員（人） A：**延べ面積**（㎡）
	$130 < A$ の場合	$n = 7$	
共同住宅		$n = 0.05A$	n：人員（人） ただし、1戸当たりのnが3.5人以下の場合は、1戸当たりのnを3.5人または2人（1戸が1居室だけで構成されている場合に限る）とし、1戸当たりのnが6人以上の場合は、1戸当たりのnを6人とする。 A：**延べ面積**（㎡）
事務所	業務用厨房設備を設ける場合	$n = 0.075A$	n：人員（人） A：**延べ面積**（㎡）
	業務用厨房設備を設けない場合	$n = 0.06A$	
公会堂・**集会場**・劇場・映画館・演芸場		$n = 0.08A$	n：人員（人） A：**延べ面積**（㎡）

1 ○ FRP製パネルタンクには、ガラス繊維で補強したFRPを表面材とし合成樹脂発泡体を心材としたサンドイッチ構造のものがある。

2 ○ ステンレス鋼鈑製パネルタンクは、強度が大きく搬入性に優れ大容量のものまで設置されてるが、タンク上部の気相部に塩素が滞留しやすいため耐食性に優れたステンレスを使用する。

3 ○ 鋼製タンク内面及び鋼製ボルトは、防食処理として一定の膜厚を形成したエポキシ樹脂等の樹脂系塗料を施す。

4 × 給水タンクのオーバーフロー管及び通気管には、ステンレス製防虫網を設け、オーバーブロー管及び水抜き管は衛生上有害なものが入らないように、間接排水とし、十分な吐水口空間を設けて排水管に接続する。

1 ○ JIS規格では、ホルムアルデヒド放散量（基準値0.2mg/L以下）に応じた等級区分が示されている。

2 ○ グラスウール保温材は、ポリスチレンフォーム保温材に比べて、吸水性や透湿性が大きく高温域で使用できる。（右段の表参照）

保温材	最高使用温度〔℃〕
ポリスチレンフォーム	70
ウレタンフォーム	100
グラスウール	350
ロックウール	600

3 ○ ロックウール保温材は、耐火性に優れ、配管等の防火区画の貫通部等に使用される。

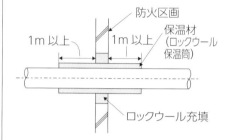

4 × ポリスチレンフォーム保温材は、保冷用として使用されるプラスチック系断熱材である。なお、ロックウールは、人造鉱物繊維保温材である。

1 × Y形ストレーナーは、円筒形のスクリーンを流路に対して45度傾けた構造で、横引きの配管では、下部にスクリーンフィルターを引き抜く（令和4年度（前期）No.26選択肢1の図も参照）。

2 ○ 銅管は、肉厚により大きい順にK、L、Mタイプに分類され、一般にMタイプを用いることが多い。

3 ○ 弁を中間開度にして流量調整を

行う場合には、**玉形弁とバタフライ弁**は**適している**が、**ボール弁と仕切弁**は**適していない**。

4 ○ 水道用硬質ポリ塩化ビニル管の種類には、**VP** と **HIVP**(耐衝撃性)がある。

No. 27	ダクト	正答	2

1 ○ エルボの内側半径は、円形ダクトではダクトの直径の**1/2以上**とする。

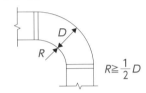

$R \geqq \dfrac{1}{2} D$

2 × ダクトの断面を拡大や縮小する場合、**上流側の拡大角度15度以内**及び**下流側の縮小角度は30度以内**とする。

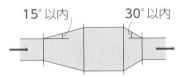

15°以内　　30°以内

〔ダクトの拡大・縮小〕

3 ○ **案内羽根(ガイドベーン)**は、直角エルボ等に設け、圧力損失を低減する。

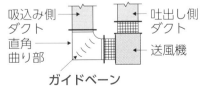

吸込み側ダクト　吐出し側ダクト
直角曲り部　　送風機
ガイドベーン

〔送風機吸込み口と直角曲り部の接続例〕

4 ○ 共板フランジ用ガスケットは、ゴム材でできており**弾力性のある**ものを使用する。

No. 28	設備機器と設計図書に記載する項目	正答	2

揚水ポンプの呼び番号は誤りである。**呼び番号は送風機**である。

設備機器と設計図書に記載する項目

設備機器	記載する項目
空気熱源ヒートポンプユニット	冷凍能力、加熱能力、夏季・冬季外気温度、冷温水量、**冷温水出入口温度**、電動機出力及び電源仕様、台数
送風機	形式、**呼び番号**、風量、全(静)圧、電動機出力及び電源仕様、台数
冷却塔	型式、冷却能力、冷却水量、冷却水出入口温度、**外気湿球温度**、騒音、電動機出力及び電源仕様、台数
ポンプ	型式、**口径**、水量、揚程、電動機出力及び電源仕様、台数
全熱交換器	送風機名称、台数、設計給気風量、設計排気風量、**全熱交換効率**、自動換気切替機能の有無、全熱交換効率の試験方法　など

1 ○ 石綿（アスベスト）は、労働安全衛生法施行令が改正（平成18年9月1日施行）され、製造等の禁止が当分の間猶予されている製品もあるが、**工事で使用する資機材は全面使用禁止**となっている。よって、資機材は**石綿を含有しな**いものとする。

2 ○ **仮設計画**は、施工中に必要な現場事務所、足場、荷役設備、仮設水道、電力などの諸設備を整えることであり、原則として**その工事の請負者（受注者または施工者）の責任において計画する。**

3 ○ **工事写真**は、後日の**目視検査が容易でない箇所**（例：隠ぺい部の主要な部分、地面下の障害物または埋設配管の深度等）のほか、**設計図書で定められている箇所**についても撮影しなければならない。

4 × 現場説明書と質問回答書の内容に相違がある場合は、**質問回答書の内容が優先**される。設計図書に相違がある場合の**優先順位**は、①**質問回答書、②現場説明書、③特記仕様書、④設計図面、⑤標準仕様書（共通仕様書）**となっている。

1 ○ 作業Hは、作業D及び作業Fが完了しないと開始できない。

2 × **クリティカルパス**とは、すべての経路（ルート）のうちで**最も長い日数を要する経路**のことをいう。各ルートの作業日数について①の開始イベントから⑦の最終イベントに至るまでの各ルートの日数を集計すると、次のようになる。

（a）①→③→④→⑤→⑦……… 4日＋3日＋2日＋4日＝13日

（b）①→③→④→⑤→⑥→⑦……… 4日＋3日＋2日＋3日＋3

〔No.30のネットワーク工程表〕

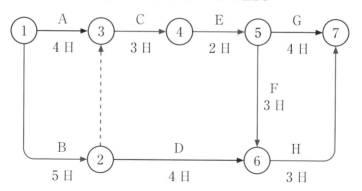

12

日＝15日

（c）①→②…→③→④→⑤→⑦
………5日＋3日＋2日＋4日＝14日

（d）①→②…→③→④→⑤→⑥→⑦
………5日＋3日＋2日＋3日＋3日＝16日

（e）①→②→⑥→⑦………5日＋4日＋3日＝12日

したがって、**クリティカルパスは**（d）の**1本**（前ページの表参照）で、**所要日数は16日**となる。

3〇 作業Dは**クリティカルパスの経路から外れている**ので作業日数を2日に短縮しても、**全体の所要日数は変わらない。**

4〇 イベント⑤の最遅開始時刻は10日なので、作業Gは作業Fよりも2日遅く着手しても**全体の所要日数に影響はない。**

No. 31	品質管理	正答	**2**

1〇 **品質管理の目的**は、品質の目標や管理体制等を記載した品質計画に基づいて施工を実施し、**設計図書等で要求された品質を保証する**ことである。

2✕ 品質管理を行うことによって、**品質が向上し不良品の発生やクレームが減少する**とともに、作業の効率化も図れ、**工事費（工事原価）**の減少も期待される。

3〇 品質管理において、4つの段階

PDCAを繰り返すことをデミングサークルという。デミングサークルは、作業を**計画P（Plan）→実施D（Do）→確認C（Check）→処理A（Action）→計画P**のサイクルを繰り返すことで品質の改善を図るのに有効である。

4〇 **全数検査**となるものは、**主要機器の試験**、給水配管等の水圧試験、ボイラーの安全弁、埋設配管の勾配、**防火ダンパー、防火区画貫通部分（穴埋め等）**などがあげられる。

No. 32	安全管理	正答	**1**

1✕ 通勤災害とは、労働者が通勤により被った負傷、疾病、障害又は死亡をいい、この場合の「**通勤**」とは、就業に関し、次に掲げる移動をいう。

・住居と就業の場所との間の往復。

・**就業の場所から他の就業の場所への移動。**

・住居と就業の場所との間の往復に先行し、又は後続する住居間の移動。

したがって、就業の場所から他の就業の場所へ移動する途中で被った災害は通勤災害に該当する。

2〇 クレーン等安全規則第70条の3に「事業者は、地盤が軟弱であること、埋設物その他地下に存する工作物が損壊するおそれがあること等により移動式クレーンが転

倒するおそれのある場所においては、移動式クレーンを用いて作業を行ってはならない。ただし、当該場所において、移動式クレーンの転倒を防止するため**必要な広さ及び強度を有する鉄板等が敷設**され、その上に移動式クレーンを設置しているときは、この限りでない。」と規定されている。

3○　気温の高い日の作業については、**熱中症予防**のため、**暑さ指数（WBGT）を確認**する。WBGT値とは、暑熱環境による熱ストレスの評価を行う暑さ指数で、次式により算出される。

① 屋内、屋外で太陽照射のない場合（日かげ）

WBGT値＝0.7×自然湿球温度＋0.3×黒球温度

②屋外で太陽照射のある場合（日なた）

WBGT値＝0.7×自然湿球温度＋0.2×黒球温度＋0.1×乾球温度

4○　**ツールボックスミーティング（TBM）**は、工事現場における**安全教育**の一つで、職長が中心となり、関係する**作業者が作業開始前に集まり**、短時間でその日の**作業範囲、段取り、役割分担、安全衛生**などについて**全員**で話し合いを行うことである。

| No. 33 | 工事施工（機器の据付け） | 正答 **2** |

1○　**防振基礎**には、地震時の移動、転倒防止のための**耐震ストッパー**を設ける。

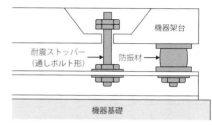

2×　建物内に設置する**飲料用受水タンク上部と天井との距離は、1,000mm以上**とする。なお、壁面と側面部および床面と下部との距離は600mm以上とする。

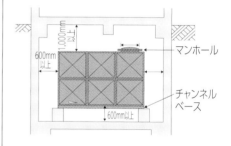

3○　機器を据え付ける**コンクリート基礎**は、コンクリート打設時に金ごてにて**水平に仕上げる**。なお、打設後10日以内に機器を据え付けてはならない。

4○　洗面器をコンクリート壁に取り付ける場合は、一般的に、**エキスパンションボルト**（次ページの図）又は**樹脂製プラグ**を使用する。

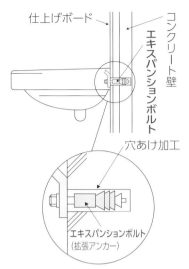

〔コンクリート壁に洗面器を取り付けた例〕

No. 34	工事施工（配管及び 配管附属品の施工）	正 答	**1**

1 × 配管用炭素鋼鋼管を雑排水系統に使用する場合は、**排水用ねじ込み式鋳鉄製管継手**を用いて接続する。排水用ねじ込み式鋳鉄製管継手は、排水中の固形物を流れやすくするため、管継手のねじ奥部にリセス部がついている。

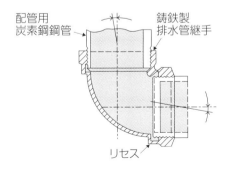

〔排水用ねじ込み式鋳鉄製管継手〕

2 ○ 給水用の塩ビライニング鋼管に用いる仕切弁には、**管端防食ねじ込み形弁**がある。

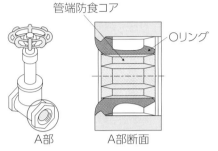

〔管端防食ねじ込み形仕切弁の例〕

3 ○ 鋼管の突合せ溶接による接合は、開先加工等を行い、**ルート間隔を保持**して行う。鋼管の開先加工には**V形開先**が多く用いられている。

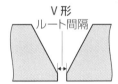

〔突合せ溶接時の開先加工（V形開先）〕

4 ○ 排水・通気用耐火二層管は、内管に排水用硬質塩化ビニル管、外管に繊維モルタルを施した配管である。接合には、**接着接合、ゴム輪接合（伸縮継手用）**がある。
（次ページの図参照）

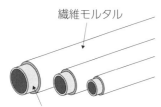

繊維モルタル

排水用硬質塩化ビニル管

〔排水・通気用耐火二層管〕

No. 35	工事施工（ダクト及びダクト附属品の施工）	正答	**2**

1○ 防火ダンパーの本体は、**原則として4本吊り**とするが、長辺が**300mm以下**の防火ダンパー、内径**300mm以下**の円形のダンパーの支持は、**2点吊り**とする。

2× スパイラルダクトの差込み接合は、継手の外面にシール材を塗布して直管に差込み、ビス（鋼製ビス）で固定しダクト用テープで差込み長さ以上の外周を2重巻きにする。

テープ2重巻き
差込継手
シール材
鉄板ビス

〔スパイラルダクトの接続例〕

3○ **厨房の排気フードの吊り**は、**4隅のほか1,500mm以下の間隔**で堅固に取り付ける。そのほか、排気フードの材質はステンレス鋼

（SUS304）、板の継目は気密性を有するもの、グリスフィルターが容易に着脱できる構造とする。

4○ 浴室の排気ダクトは、排気ガラリに向けて**下がり勾配**とするか、**水抜き**を設ける。

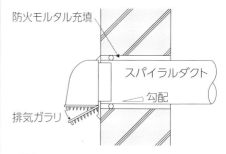

防火モルタル充填
スパイラルダクト
勾配
排気ガラリ

〔排気ダクトと排気ガラリの取付け例〕

No. 36	工事施工（保温及び塗装）	正答	**4**

1○ 保温の厚さは、**保温材のみの厚さ**とし、補助材及び外装材の厚さは含まない。

2○ 塗装場所が次の条件の場合は、**原則として塗装を行わない。**
 ・気温が5℃以下の場合
 ・湿度が85%以上の場合
 ・換気が不十分で結露が発生する場所

3○ 冷水配管を直接吊りバンドで支持する場合は、**合成樹脂製支持受けを使用する。**
（次ページの図参照）

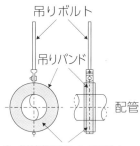

〔冷水配管の吊りバンドの支持例〕

吊りボルト
吊りバンド
配管
合成樹脂製の支持受け

4 × 配管やダクトには、熱の損失を防ぐために一般的に保温・保冷工事が施されるが、給水ポンプ回りの防振継手は**原則として保温は行わなくてよい**。

No. 37	工事施工（渦巻ポンプの試運転調整）	正答	**3**

渦巻ポンプの試運転調整の一般的な手順は次の通り。

①カップリングの**水平**を確認する。

②ポンプを手で回して**回転むらがない**かを確認する。

③膨張タンク、呼び水じょうご等から注水し、機器及び配管系の**空気抜き**を行い、配管系が**満水状態であること**を確認する。

④吐出し側の弁（吐出弁）を**全閉**とし、手元スイッチで瞬時運転により**回転方向を確認**する。

⑤**吐出弁を徐々に開き**規定水量に調整する。

⑥**グランドパッキン部から一定量の水滴の滴下があることを確認**する。な

お、メカニカルシール方式の場合は、漏水量がほとんどないかを確認する。

⑦**軸受温度が周囲空気温度より過度に高くなっていないことを確認する**（原則として周囲温度差は40℃未満とする）。

⑧キャビテーション、サージング現象のほか、異常音、異常振動がないことを確認する。

以上より、**適当でないもの**は**3**である。

No. 38	工事施工（風量調整等に関する事項）	正答	**3**

1 ○ 吹出口や吸込口の風量測定は、吹出口、吸込口のフェース前面での測定点に準じた箇所の風速を測定して**平均風速**を求め、これに**断面積**を乗じて風量を求める。この際、**補助ダクト**（フローフード）を用いて測定する。

吹出しは下向き気流
吸込みは上向き気流

測定・表示部分

〔フローフードの例〕

2 ○ ダクト内の風量は、次の式で求めることができる。

風量〔㎥/s〕＝ダクト内の平均風速〔m/s〕×ダクト断面積〔㎡〕

3 ✕ 　風量調整は、給排気口の**シャッター**や分岐部の風量調整ダンパーを全開し、**徐々に絞って（閉じて）規定風量に調整**する。

4 ○ 　風量調整は、各室への適正配分を行う上で重要である。機器（送風機等）の**試験成績表**、ダクト図、**風量計算書等**を用いて行う。

No.39 労働安全衛生法　正答 3

1 ○ 　事業者は、労働者を雇い入れたときは、当該労働者に対し、その従事する業務に関する**安全又は衛生のための教育**を行わなければならない。また、労働者の**作業内容を変更したときについても安全又は衛生のための教育を行わなければならない**（労働安全衛生法第59条第2項）。

2 ○ 　事業者は、**移動はしご**については、次に定めるところに適合したものでなければ使用してはならない。
　一　丈夫な構造とすること。
　二　材料は、著しい損傷、腐食等がないものとすること。
　三　**幅は、30cm以上とすること。**
　四　すべり止め装置の取付けその他転位を防止するために必要な措置を講ずること（労働安全衛

生規則第527条第三号）。

3 ✕ 　事業者は、**酸素欠乏危険作業**に労働者を従事させる場合は、当該作業を行う場所の**空気中の酸素濃度を18％以上に保つように換気しなければならない**（酸素欠乏症等防止規則第5条第1項）。

4 ○ 　事業者は、ガス溶接等の業務に使用する**ガス等の容器**については、その**容器の温度を40度以下に保つこと**、と規定されている（労働安全衛生規則第263条第二号）。

No.40 労働基準法　正答 2

1 ○ 　**出来高払制**その他の請負制で使用する労働者については、使用者は、労働時間に応じて**一定額の賃金の保障をしなければならない**（労働基準法第27条）。

2 ✕ 　賃金とは、**賃金、給料、手当、賞与その他の名称に関係なく**、労働の対償として、**使用者が労働者に支払うすべてのもの**をいう、と規定されている（労働基準法第11条）。従って、**賞与は賃金に含まれる**。

3 ○ 　未成年者は独立して賃金を請求することができ、親権者又は後見人は、**未成年者の賃金を代わって受け取ってはならない**（労働基準法第59条）。

4 ○ 　使用者は、労働者が出産、**疾病**、災害その他厚生労働省令で定める

非常の場合の費用に充てるために請求する場合においては、**支払期日前であっても、既往の労働に対する賃金を支払わなければならない**（労働基準法第25条）。

| No.41 | 建築基準法 | 正答 | 1 |

1 × **居室**とは、居住、執務、作業、集会、娯楽その他これらに類する目的のために**継続的に使用する室**、と定められている（建築基準法第2条第四号）。従って、娯楽のために継続的に使用される室は、**居室に該当する**。

2 ○ 建築基準法で定義されている**建築設備**とは、建築物に設ける電気、ガス、給水、排水、換気、暖房、冷房、消火、排煙若しくは汚物処理の設備又は煙突、昇降機若しくは**避雷針**をいう（建築基準法第2条第三号）。

3 ○ **不燃材料**とは、不燃性能に関する技術的基準に適合するもので、国土交通大臣の定めたもの又は認定を受けたもの、と規定されている（建築基準法第2条第九号）。該当するものは、コンクリート、れんが、かわら、鉄鋼、**アルミニウム、金属板、ガラス**、モルタル、しっくい等である。従って、**金属板とガラスは、不燃材料に該当する**。

4 ○ **耐火建築物**とは、その主要構造部が耐火構造であること、又は法令上で規定する技術的基準に適合するものであることをいう（建築基準法第2条第九号の二）。なお、**主要構造部**とは、壁、柱、床（最下階の床は除く）、はり、屋根又は階段をいう（建築基準法第2条第五号）。

| No.42 | 建築基準法 | 正答 | 2 |

1 ○ 給水立て主管から各階への分岐管等**主要な分岐管**には、分岐点に近接した部分で、かつ操作を容易に行うことができる部分に**止水弁を設けること**、と規定されている（昭和50年建設省告示第1597号第1第一号ロ）。

2 × 排水のための配管設備の構造として、**雨水排水立て管**は、**汚水排水管**もしくは通気管と兼用し、又はこれらの管に**連結しないこと**、と規定されている（昭和50年建設省告示第1597号第2第一号ハ）。

3 ○ 飲料水の配管設備の水栓の開口部にあっては、これらの設備の**あふれ面と水栓の開口部との垂直距離を適当に保つ等の有効な水の逆流防止のための措置を講じる**こと、と規定されている（建築基準法施行令第129条の2の4第2項第二号）。

4 ○ 排水のための配管設備の**汚水に接する部分**は、不浸透質の耐水材

料で造ること、と規定されている（建築基準法施行令第129条の2の4第3項第四号）。

No. 43　建設業法　正答 2

1 ○　2級技術検定の第二次検定に合格した者は、**2級管工事施工管理技士**であり、管工事に係る一般建設業の許可を受ける建設業者が営業所ごとに専任で置く技術者の資格要件及び管工事において技術上の管理をつかさどる**主任技術者の資格要件を満たしている**（建設業法第7条第二号ハ、同法施行規則第7条の3）。

2 ×　建設業法上、**一級建築士の免許の交付を受けた者**については、主任技術者の資格要件に該当しない。

3 ○　許可を受けようとする管工事に関し**10年以上実務の経験を有する者**は、**主任技術者の資格要件を満たしている**（建設業法第7条第二号ロ）。

4 ○　建築士法に規定する**建築設備士**となった後、管工事に関し**1年以上実務の経験を有する者**は、**主任技術者の資格要件を満たしている**（建設業法第7条第二号ハ、同法施行規則第7条の3）。

No. 44　建設業法　正答 3

建設業法施行規則第25条第1項には、建設業者が掲げる**標識の記載事項**について、下記のように規定されている。

一　一般建設業又は特定建設業の別

二　許可年月日、許可番号及び許可を受けた建設業

三　商号又は名称

四　代表者の氏名

五　主任技術者又は監理技術者の氏名

したがって、3の**現場代理人の氏名**は規定されていない。

No. 45　消防法　正答 4

1 ○　屋内消火栓箱の**上部**には、取付け面と15度以上の角度となる方向に沿って10m離れたところから容易に識別できる**赤色の灯火を設ける**（消防法施行規則第12条第1項第三号ロ）。

2 ○　加圧送水装置の**始動を明示する表示灯**は、赤色とし、**屋内消火栓箱の内部又はその直近の箇所に設ける**（消防法施行規則第12条第1項第二号）。

3 ○　1号消火栓の主配管のうち、**立上り管**は、管の呼びで**50mm以上のものとする**（消防法施行規則第12条第1項第六号ヘ）。

4 ×　屋内消火栓設備には、**非常電源を附置すること**、と規定されている（消防法施行令第11条第3項第一号ヘ・同第二号イ（7）・同第二号ロ（7））。したがって、**1号消火栓**を含む、その他の消火栓につ

いても非常電源の附置は必要である。

| No. 46 | フロン類の使用の合理化及び管理の適正化に関する法律 | 正答 | 3 |

1 ○ 第一種特定製品の管理者は、3月に1回以上、同製品について**簡易な点検を行わなければならない**（フロン排出抑制法第16条第1項、平成26年経済産業省・環境省告示第13号第二第1 (1)）。

2 ○ 第一種特定製品の管理者は、製品ごとに**点検及び整備に係る記録簿**を備え、当該製品を**廃棄するまで保存する**こと、と規定されている（同法第16条第1項、同告示第13号第四第1)。

3 × フロン類の再生の実施及び再生証明書の交付は、**第一種フロン類再生業者**（環境大臣・経済産業大臣の許可業者）が、第一種フロン類充塡回収業者（都道府県知事の登録業者）に対して、フロン類を再生した際に送付すること、と規定されている（同法第58、59条）。したがって**第一種特定製品の管理者の行うべき事項ではない**。

4 ○ 第一種特定製品の管理者は、製品からの漏えいを確認した場合にあっては、当該**漏えいに係る点検**及び当該**漏えい箇所の修理**を速やかに行う（同法第16条第1項、平成26年経済産業省・環境省告示第13号第三第1①)。

| No. 47 | 建築物省エネ法 | 正答 | 4 |

建築物省エネ法施行令第1条において、**エネルギー消費性能の評価対象となる建築設備**は、下記と規定している。

一　空気調和設備その他の機械換気設備

二　照明設備

三　給湯設備

四　昇降機

したがって、4のガス設備は、エネルギー消費性能の評価対象に該当しない。

| No. 48 | 廃棄物処理法 | 正答 | 1 |

1 × **産業廃棄物管理票**の交付は、当該**産業廃棄物の種類ごとに交付する**こと、と規定されている（廃棄物処理法施行規則第8条の20第一号）。したがって、産業廃棄物管理票は、産業廃棄物の種類にかかわらず、**一括して交付することはできない**。

2 ○ ポリ塩化ビフェニルを使用する部品(国内における日常生活に伴って生じたものに限る。)に、**廃エアコンディショナーは該当する**。従って、**特別管理一般廃棄物**である（同法施行令第1条第一号)。

3 ○ 産業廃棄物管理票の交付は、当該引渡しに係る**運搬先が2以上ある場合**は、運搬先ごとに交付する

問題◀本冊 p.38 ◀◀◀

（同法施行規則第8条の20第二号）。

4 ○ ガラスくず、コンクリートくず（工作物の新築、改築又は除去に伴って生じたものを除く。）及び**陶磁器くず**は、**産業廃棄物に該当する**（同法施行令第2条第七号）。

No. 49	施工管理法 （工程表）	正答	**1,2**

1 × バーチャート工程表は、**縦軸に作業名、横軸に工期**をとったものである。長所は、各作業の**施工日程**や各作業の**着手日**と**終了日がわかりやすい**、作業の流れが左から右へと**作業間の関係がわかりやすい**などがあり、短所は、工期に対する**各作業の影響の度合いが正確に把握しにくい**などがあげられる。

作業名	9月			10月		
	10日	20日	30日	10日	20日	30日
準備作業	▓					
配管工事		▓▓				
機器据付け				▓▓		
試運転調整					▓	
後片付け						▓

〔バーチャート工程表による表示〕

2 × ガントチャート工程表は、**縦軸に作業名、横軸に達成度**をとったもので、各作業の現時点での進行状況を**棒グラフ**で示したものである。長所は、表の作成や修正が容易で、**達成度（進行状況）が明確**であるが、短所は、**各作業の前後の関係が不明、工事全体の進行度が不明**である。規模の小さな建築

工事で使用される。

作業名	達成度（%）				
	20	40	60	80	100
準備作業	▓▓▓▓▓▓▓▓▓▓				
配管工事	▓▓▓▓▓▓▓▓▓				
機器据付け	▓▓				
試運転調整					
後片付け					

〔ガントチャート工程表による表示〕

3 ○ **曲線式工程表**は、**上方許容限界曲線**と**下方許容限界曲線**とで囲まれた形から**バナナ曲線**とも呼ばれている。**工事全体の出来高を管理**する工程表である。

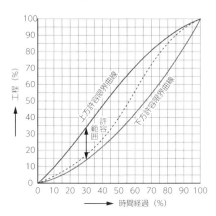

〔バナナ曲線〕

4 ○ **総合工程表**は、全工事の大要を表したもので、仮設計画から資材、労務の段取り、工事の各部門の施工順序、完成時の試運転調整、後片づけのほか、**諸官庁への申請時期や工事に影響を与える主要な事項の日程**についても記載する。

No.50 機器の据付け 正答 3,4

1 ○ ポンプは、現場にて電動機との軸心に狂いのないことを確認する。軸心の調整は、ポンプ及びモーターの水平や、軸継手のフランジ面について外縁および間げきをチェックし、適切に据え付ける。

2 ○ 高さが2mを超える高置タンクの昇降タラップには、転落防止防護柵を設ける（労働安全衛生規則第519条）。

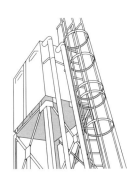

〔転落防止防護柵の例〕

3 × 冷却塔の補給水口の高さは、ボールタップを作動させるための水頭圧が必要なので、補給水タンクの低水位から3m以上の落差を確保するように据え付ける。

4 × 送風機は工場においてあらかじめ心出し調整されて出荷されているが、輸送、搬入中に狂いが生じる可能性がある。送風機設置後、現場で心出し調整を行う必要がある。心出しとは、送風機側プーリー

の面とモーター側プーリーの面とが一直線上になるように水糸等を用いて揃えて平行出しを行うことである。

No.51 配管及び配管附属品の施工 正答 1,3

1 × 飲料用冷水器の排水管は、雑排水系統の排水管に接続する場合は、適切な排水口空間を確保した間接排水とする。

2 ○ 呼び径40以下の鋼管およびステンレス鋼管の場合や、呼び径20以下のビニル管、ポリエチレン管、ポリブデン管および銅管の形鋼振れ止め支持は、原則として不要である。

3 × 汚水管（大便器）の最小管径は、75mmである（下水道排水設備指針より）。

4 ○ 冷媒用断熱材被覆銅管の接合には、フレア接合、差込接合（ろう付け接合）等がある。

No.52 ダクト及びダクト附属品の施工 正答 2,4

1 ○ 天井、壁などの隠ぺい部に防火ダンパーを設置する場合は、保守点検が容易に行えるように、450mm×450mm以上の点検口を設ける（公共建築設備工事標準図（機械設備工事編））。

2 × 防火ダンパーの温度ヒューズの作動温度は、一般排気は72℃、厨房排気は120℃である。また、

排煙ダクトの場合は280℃である。

3 ○ ダクトの**アスペクト比**（長辺と短辺の比）は、ダクトの強度、ダクト内の圧力損失、加工性を考慮し、原則として**4以下**とする（公共建築工事標準仕様書（機械設備工事編）第3編1.14.3.3）。

4 × **長方形ダクト**は、断面積が同じ場合、アスペクト比が1：1（正方形）に近いほど圧力損失は小さくなる。

No. 1	環境工学（空気環境）	正答	**3**

1 ○ 平均放射温度は、室内における周壁表面の平均温度のことで、グローブ温度、空気温度及び気流速度から求められる。

2 ○ 予想平均申告（PMV）は、人の温冷感を示す温度・湿度・気流・周壁からの放射熱・代謝量・着衣量を用いて示した指標である。快適な状態を0として、やや暖かい（+1）、暖かい（+2）、暑い（+3）、やや涼しい（-1）、涼しい（-2）、寒い（-3）の7段階で示す。

3 × 粒径2mm以下の**水に溶けない懸濁性の物質**のことをいい、水の汚濁度を視覚的に判断するのに用いられる。室内空気環境と関係はない。

4 ○ 不快指数は、日中の蒸し暑さによる不快の程度を示す指数で、数値が大きいほど蒸し暑く不快といえる。

No. 2	環境工学（水に関する一般事項）	正答	**1**

1 × 水の密度は約4℃が最大（1,000 kg/㎡）となり、温度上昇とともに減少（体積は増大）する。また、4℃以下での密度は徐々に減少（体積は増大）する。

2 ○ 水に対する空気の溶解度は、温度上昇とともに減少する。

3 ○ 1kgの水の温度を1℃（1K）上昇させるために必要な熱量は、約4.2kJ（キロジュール）である。したがって、水の比熱は、約4.2kJ/（kg・K）である。

4 ○ 1気圧における水の沸点は約100℃で、気圧が下がると沸点も下がる。

No. 3	流体工学	正答	**4**

1 ○ 流体の粘性とは、運動している流体の分子の混合および分子間の引力が流体相互間または流体と固体の間に生じて、流体の運動を妨げる摩擦応力のことである。摩擦応力 τ〔N/㎡〕は、**比例定数と速度勾配の積**で求められ、このときの比例定数を粘性係数という。粘性係数は、流体の種類とその温度によって異なる。

2 ○ パスカルの原理とは、密閉容器内に閉じ込められた**液体の一部に圧力を加える**と、それと同じ強さの圧力がすべての部分に伝わることをいう。

3 ○ ベンチュリー管は、流量を測定する計器で、次ページの図のように管の一部に小口径の部分を設け、

大口径部の静圧と小口径部の**静圧の差**から流量を求めることができる。

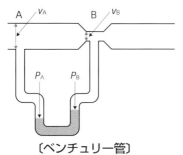

〔ベンチュリー管〕

4 ×　ダルシー・ワイスバッハの式は、流体が直管路を満流で流れる場合に生じる**圧力損失**の大きさを求める式である。**表面張力**は、流体の**分子間同士の引力**（表面の凝集力）により起きる現象である。したがって、ダルシー・ワイスバッハの式と表面張力は関係しない。

| No. 4 | 熱工学 | 正答 | 2 |

1 ○　気体を**断熱圧縮**すると**温度は上**がり、気体が**断熱膨張**すると**温度は下がる。**

2 ×　温度変化を伴わず、相変化するときに必要な熱のことを**潜熱**という。**顕熱**は、温度変化が伴う熱のことである。

3 ○　**相変化**には、**融解、凝固、気化（蒸発）、液化（凝縮）、昇華**がある。（右段の図参照）

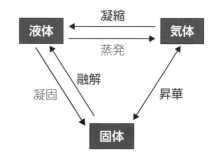

〔物質の相変化〕

4 ○　一般的に、気体、液体、固体の**熱伝導率の大きさ**は、**気体 ＜ 液体 ＜ 固体**となる。気体の熱伝導率小さく、金属は大きい。

| No. 5 | 電気設備 | 正答 | 1 |

1 ×　**全電圧（直入）始動方式**は、誘導電動機に電源電圧をそのまま印加して始動させる方法で、**始動時のトルクは制御できない**。この方式は、始動電流が定格電流の5〜8倍になるため、比較的小容量の誘導電動機に用いられている。**スターデルタ始動方式**にすると、始動時のトルクが抑制できる。

2 ○　**3Eリレー（保護継電器）**は、モータ保護用として使用され、**過負荷、欠相、反相（逆相）の3つの要素**を搭載したリレーである。

3 ○　**進相コンデンサ**は、回路の**力率の改善**に用いられる。力率とは、供給電力が有効に使用された割合のことで、特に、誘導電動機は回転磁界をつくるための励磁電流が

流れるため力率が0.7〜0.8程度と悪い。進相コンデンサを負荷に並列に接続することで、無効電力を小さくし力率が改善できる。

4 ○ スターデルタ始動方式は、全電圧始動方式で始動した場合の始動時の電流を1/3にすることができ、中容量（11〜37kW）の電動機に用いられている。

| No. 6 | 鉄筋コンクリート造の建築物の鉄筋 | 正答 | 1 |

1 × 鉄筋相互のあきの最小寸法は、鉄筋の径と粗骨材の最大寸法によって決まる。

2 ○ 帯筋（フープ）は、柱のせん断力に対する補強筋である。

3 ○ 鉄筋の折曲げ加工は、熱処理を行うと鋼材の品質が劣化するので常温で加工する。

4 ○ 鉄筋の継手は、1か所に集中させず応力の小さいところにずらして設ける。

| No. 7 | 空気調和（冷房時の湿り空気線図） | 正答 | 3 |

1 ○ ⑤から②の変化は、顕熱比の状態線上を移動する。顕熱比とは、室内全熱負荷に対する室内顕熱負荷の割合のことである。

2 ○ 空気調和機コイル出口空気の状態点は、④である。なお、④から⑤の変化は、送風機からの発熱や給気ダクトから吹出口までの熱取得によるものである。

3 × ②は室内空気の状態点、①は外気の状態点で、③は室内空気と外気の混合空気の状態点で、ミキシングチャンバー内の空気の状態点である。

4 ○ コイルの冷却負荷は、③と④の比エンタルピー差から求められる。比エンタルピーとは、乾き空気1kg当りの全熱（顕熱＋潜熱）量（kJ）を示し、空気の変化に要した全熱量を求めるときに使われる。

| No. 8 | 空気調和（定風量単一ダクト方式） | 正答 | 1 |

1 × 定風量単一ダクト方式は、各室ごとの温度制御が困難である。同一負荷形態の室に対しての空調方式として採用される。負荷形態の異なる室がある場合は個別に対応できない。
各室ごとの温度制御が容易なのは、変風量単一ダクト方式である。

2 ○ 定風量単一ダクト方式は、空気調和機で送風量を一定にして送風温度を変化させ、1本の主ダクトと分岐ダクトにより各室を空調する方式である

3 ○ 定風量単一ダクト方式は、一般的に、空気調和機は中央機械室にあるため、他の方式（分散方式等）に比べて維持管理が容易である。

4 ○ 定風量単一ダクト方式は、送風量が多いため、室内の清浄度を保ちやすい、中間期の外気冷房にも

対応しやすいなどの特長がある。

| No.
9 | 空気調和
(冷房負荷計算) | 正答 | **2** |

1 ○ OA機器や照明器具による熱負荷は、**顕熱のみ**である。**顕熱は室温変化**に使われる熱量で、**潜熱は湿度変化**に使われる熱量である。

2 × ガラス面からの熱負荷には2つあり、ガラス面を透過した**日射による負荷**と、ガラスの**通過熱（貫流熱）による負荷**がある。

3 ○ **人体**による熱負荷には、**顕熱と潜熱**がある。

4 ○ 熱負荷計算では、**最大負荷計算法**が用いられ、一般的に、9時、12時、14時、16時について負荷計算を行う。各時刻における集計から建物全体の最大負荷が生じる時刻で決定する。

| No.
10 | 空気調和
(空気清浄装置) | 正答 | **3** |

1 ○ ろ過式のろ材に要求される性能としては、**難燃性又は不燃性**であること、吸湿性が**小さい**こと、粉じん保持容量が**大きい**こと、空気抵抗が**小さい**こと、腐食およびカビの発生が**少ない**ことなどがあげられる。

2 ○ **空気清浄装置の性能**は、一般に、**捕集率、圧力損失、試験粉じん供給量**の3つで示される。**捕集率**は粉じんを捕集する効果のことで、**汚染除去率や汚染除去容量**で表し、

圧力損失は、定格風量における空気浄化装置の上流側と下流側の**圧力差〔Pa〕**で表す。

3 × ろ過式のろ材は、**吸湿性が小さい**ものとする（選択肢1の解説も参照）。

4 ○ **静電式**は、**高電圧**を使って粉じんを**帯電**させて除去するもので、比較的微細な粉じん用として用いられている。

| No.
11 | 冷暖房
(暖房設備) | 正答 | **2** |

1 ○ **温水暖房**は、温水の顕熱を利用している。一方**蒸気暖房**は、熱媒に飽和蒸気（100℃以上）を使用し、蒸気の**凝縮熱（潜熱）**を利用している。

2 × **蒸気暖房**は、蒸気を使用しているため、温水暖房に比べて**制御性が困難**となる。

3 ○ **蒸気暖房**は、温水より高温の蒸気を使用しているため、ウォーミングアップにかかる時間は、温水暖房に比べて**短い**。

4 ○ **温水暖房**に使用する温水の温度は、一般的に、**50〜60℃**（放熱器の入口温度が55〜60℃、出口温度が50〜55℃）として設計されることが多い。

| No.
12 | 冷暖房
(吸収冷温水機) | 正答 | **2** |

1 ○ **吸収冷温水機**は、冷房時は吸収冷凍サイクル（蒸発→吸収→再生

→凝縮）により冷水がつくられている。再生器の加熱用バーナーの燃料は、**ガスや油**が使用されている。

2 × **吸収冷温水機**は、再生器の立上がりに時間を要するため、電動式の圧縮式冷凍機に比べ、**機器の立上がり時間は長くなる**。

3 ○ **吸収冷温水機の機内**は、冷媒である**水を低温で蒸発させる**ため、**大気圧以下に保たれている**。なお、吸収冷温水機の運転・取り扱いにあたっては、機内が大気圧以下となるため、ボイラー技士や冷凍機械責任者など、法令上の運転資格者は**不要**である。

4 ○ **吸収液には臭化リチウムが用いられている**。なお、冷媒には水が用いられている。

No. 13	換気設備 （機械換気設備）	正答	**3**

1 ○ **ガスコンロの換気**は、所定の**排気フード**を設けることにより換気

量を低減することができる。建築基準法では下図のように定められている。

2 ○ 臭気、燃焼ガス等の**汚染源の異なる換気**は、居室の換気系統とは別に、**各々独立した換気系統**とする。

3 × **排風機**は、排気ダクトからの空気の漏洩を無くすため、排気口の近くに設置される。したがって、**吸込み側のダクトが長く、吐出し側のダクトは短くなるようにする**。

4 ○ **便所**は、室内の臭気を他室に拡散させないよう、**室圧を負圧とする**ため、第三種機械換気方式が用いられている。

No. 14	換気設備 （室と換気の要因）	正答	**4**

1 ○ **浴室の換気**は、**水蒸気の排除**が主な目的である。

2 ○ **車庫の換気**は、**有害ガスの排除**が主な目的である。

〔No.13　ガスコンロの換気〕

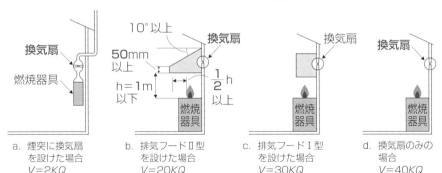

a. 煙突に換気扇を設けた場合 $V=2KQ$

b. 排気フードⅡ型を設けた場合 $V=20KQ$

c. 排気フードⅠ型を設けた場合 $V=30KQ$

d. 換気扇のみの場合 $V=40KQ$

（V：有効換気量［m³/h］、K：理論廃ガス量［m³/kW・h］、Q：燃料消費量［kW］）

問題◀本冊 p.47 ◀◀◀

3 ○ エレベーター機械室の換気は、**熱の排除**が主な目的である。

4 × ポンプ室の換気は、**熱の排除**が主な目的である。

No.15 上水道　正答 **3**

1 ○ 硬質ポリ塩化ビニル管（その他、配水管の種類にはダクタイル鋳鉄管やステンレス鋼管、水道配管用ポリエチレン管など）に**分水栓**を取り付ける場合は、管の**折損防止**のため、**サドル付分水栓を使用する**。

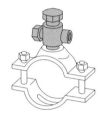

〔サドル付分水栓〕

2 ○ 水道水の水質基準では、**色度は5度以下**と定められている（平成15年厚生労働省令第101号）。

水質基準（51項目のうちよく出題される項目）

項　目	基　準　値
一般細菌	1 mLの検水で形成される集落数が100以下であること。
大腸菌	検出されないこと。
pH値	5.8以上8.6以下であること。
味	異常でないこと。
臭気	異常でないこと。
色度	**5度以下**であること。
濁度	2度以下であること。

3 × **簡易専用水道**とは、水道事業の用に供する水道及び専用水道以外の水道であって、水道事業の用に供する水道から供給を受ける水のみを水源とするもののことであり、受水槽の有効容量の合計が**10m³を超えるもの**をいう（水道法第3条第7項、同法施行令第2条）。

4 ○ 水道施設設計指針に、管路の水圧試験は、①原則として水圧試験によって管路の水密性、安全性を確認する。②水圧試験の結果に応じて適切な措置を講じる。③**空気圧での試験は行わない**、と定められている。

No.16 下水道　正答 **1**

1 × **都市下水路**は、市街地における下水を排除するために地方公共団体が管理するもので、**公共下水道及び流域下水道を除いた**ものである（下水道法第2条第五号）。

2 ○ **汚水管きょ**の流速は、**0.6〜3.0m/s**、雨水管きょ・合流管きょの流速は、**0.8〜3.0m/s**とする。

3 ○ 合流管きょの**計画下水量**は、計画時間最大汚水量と計画雨水量を加えたものとする。汚水管きょの**計画下水量**は、**計画時間最大汚水量**とする。雨水管きょは、**計画雨水量**とする。

4 ○ 下水道本管に接続する一般的な取付管の最小管径は、汚水管

きょは200mm、雨水管きょ・合流管きょは250mmであるが、小規模下水道では、**最小管径**は、150mmである。

No.17	給水設備	正答	**2**

1 ○ **給水量の算定**に用いられる**器具給水負荷単位**による方法では、給水管が受け持つ**器具給水負荷単位**の総和から、瞬時最大給水流量を求める。

2 × 受水タンクの緊急遮断弁は、一般的に**受水槽出口側**に設置され、大地震が発生した時に感知して弁を閉止し、受水槽に非常用の生活用水を確保するために設ける。

3 ○ **大気圧式バキュームブレーカー**は、大便器洗浄弁（FV：フラッシュバルブ）等と組み合わせて使用される（令和4年度（前期）No.17選択肢4の図参照）。

4 ○ **飲料用給水タンク**には、直径（内径）**60cm以上**の円が内接する**マンホール**を設ける（昭和50年建設省告示1597号）。

No.18	給湯設備	正答	**1**

1 × 水道用硬質塩化ビニルライニング鋼管は、給水・冷却水・冷温水（40℃以下）に使用する管であり、給湯配管には不適当である。

2 ○ **給湯配管**をコンクリート内に敷設する場合は、熱による伸縮で配

管が**破断しない**ように保温材等を**クッション材**として機能させる。

3 ○ **ヒートポンプ給湯機**は、**大気中の熱エネルギー**を給湯の加熱に利用するものである。

4 ○ ガス瞬間湯沸器の**先止め式**とは、**給湯先の湯栓の開閉**により、バーナーが着火・消火する方式をいう（令和4年度（前期）No.18選択肢4の解説も参照）。

No.19	排水・通気設備	正答	**3**

1 ○ 排水横枝管からのループ通気管は、最上流の器具排水管接続点直後の下流側から通気管を立上げて、**通気立て管又は伸頂通気管に接続**するか**大気に開放**する。

2 ○ **グリース阻集器**は、厨房その他調理場から排出される排水中に含まれている**油脂分を除去**（分離・収集）するために設けられたものである。

3 × 排水トラップの**ディップ**とは、封水の**水底面頂部**のことをいう。あふれ面は、**ウェア**である。

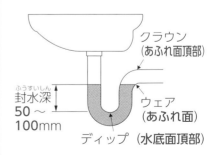

クラウン（あふれ面頂部）

封水深 50〜100mm

ウェア（あふれ面）

ディップ（水底面頂部）

4 ○ 通気弁（吸排気弁：自動的に管内に停滞した空気を排出し、管内に負圧が生じたら自動的に吸気する弁。）をパイプシャフトや屋根裏等に設置する場合は、**点検口を設ける**。

No. 20	排水・通気設備	正答	**2**

1 ○ 各個通気方式は、各器具トラップごとに通気管を設けそれぞれ通気横枝管に接続して、その横枝管の末端を通気立て管又は伸頂通気管に接続する方式で、**誘導サイホン作用及び自己サイホン作用の防止**に有効である。

2 × **通気立て管の下部**は、最低位の排水横枝管より低い位置で排水立て管に接続するか、排水横主管に接続する。

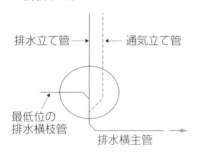

〔通気立て管の下部の図〕

3 ○ 排水ますは、屋外排水管（敷地内）の直進距離が管径の**120倍を超えない**範囲で設ける。

4 ○ 排水管（最小30mm）に設ける通気管の最小管径は、**30mm**と

する。

No. 21	屋内消火栓設備	正答	**1**

1 × **2号消火栓**（広範囲型を除く。）は、防火対象物の階ごとに、その階の各部分からホース接続口までの水平距離が**15m以下**となるようにする（消防法施行令第11条第3項第二号イ）。

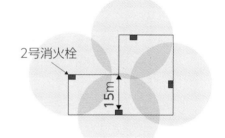

〔2号消火栓〕

屋内消火栓には、1号消火栓・易操作性1号消火栓・2号消火栓・広範囲型2号消火栓があり、**広範囲型2号消火栓**は、**25m以下**である。

2 ○ 屋内消火栓の**加圧送水装置**は、**直接操作**（消火ポンプ制御盤での停止）**によってのみ停止**できるものとする（平成9年消防庁告示第8号加圧送水装置の基準より）。

3 ○ **1号消火栓**は、防火対象物の階ごとに、その階の各部分からホース接続口までの水平距離が**25m以下**となるようにする（消防法施行令第11条第3項第一号イ）。

4 ○ 屋内消火栓の**開閉弁の位置**は、

自動式のものでない場合、床面からの高さを1.5m以下とする（消防法施行規則第12条第1項第一号）。

| No.22 | ガス設備 | 正答 | **2** |

1○ 内容積が20L以上の**液化石油ガス（LPG）容器**は、火気の2m以内に設置してはならない。かつ、通風の良い**屋外に置く**（液化石油ガス保安規則第41条第四号イ）。

2× **開放式ガス機器**（ガスストーブ等）とは、燃焼用の空気を**屋内から取り**、燃焼排ガスをそのまま**室内に排出**する方式をいう。燃焼用の空気を屋内から取り、排気筒により**屋外へ排出**する方式は、**半密閉式ガス機器**である。

3○ **液化石油ガス（LPG）**は、**常温・常圧では気体**であるものに**加圧等を行い液化**させたものでガスボンベに充填されている。

4○ **マイコンガスメーター**は、地震、ガス漏れ、機器消し忘れ、長時間使用などによって、供給圧力が0.2kPaを下回っていることを継続して検知した場合等に、**供給を遮断する機能**をもつ。

| No.23 | FRP製浄化槽の施工 | 正答 | **4** |

1○ 槽が複数（2槽以上）に分かれている場合、**基礎は一体の共通基礎**とする。

2○ 槽本体のマンホールのかさ上げ高さは、保守・点検清掃のために**最大300mm**までとする。

3○ 槽は、**満水状態にして24時間放置し、漏水のないことを確認**する（建築基準法施行令第33条）。

4× 埋戻しは、**槽内に水を張った状態**で、良質士を用い均等に埋め戻し突き固める。

| No.24 | 設備機器 | 正答 | **4** |

1○ 大便器、小便器、洗面器等の衛生器具には、**陶器以外にも**、ほうろう鉄器、ステンレス製、プラスチック製等のものがある。

2○ パッケージ形空気調和機の電動機の制御にはいろいろな方式があるが、**電源の周波数を変える**ことで電動機の**回転数を変化**させ、冷暖房能力を制御する。**インバータ方式**が一般的である。

3○ 温水ボイラーの容量は、最大連続負荷における熱出力として**定格出力〔W〕**で表す。

4× **遠心ポンプの特性曲線**では、吐出し量の増加に伴い全揚程は**減少する**。
（次ページの図参照）

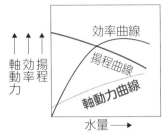

〔遠心ポンプの特性曲線〕

No. 25	水中モーター ポンプ	正答	**2**

1 ○ 水中モーターポンプには、乾式、水封式、油封式、キャンド式がある。そのうち**乾式**は、水が内部に浸入しないよう空気又はその他の気体を**充満密封**したものである。

2 × 汚水や厨房排水のような**浮遊物質**を含む排水槽では、フロートスイッチにより**自動運転**する。**電極棒**は高置タンクの水位をコントロールする。

3 ○ 羽根車の種類は、一般的に、**オープン形**（吸込み側に側板がない羽根車）と**クローズ形**（側板と羽根車が一体化）に分類される。

4 ○ 汚物用水中モーターポンプは、浄化槽への流入水等、**固形物も含んだ水**（ポンプ口径80mm以上で、53mmの球形固形物が通過できるもの）を**排出**するためのポンプである。

No. 26	配管材料及び 配管附属品	正答	**4**

1 ○ 水道用硬質塩化ビニルライニング鋼管（JWWA K 116）のうち**SGP-VD**は、配管用炭素鋼鋼管（黒）の内面と外面に**硬質ポリ塩化ビニルをライニングしたもの**である。主に、地中埋設配管及び屋外露出配管に使用される。

2 ○ ストレーナーは、配管中のゴミ等を取り除き、弁類や機器類の損傷を防ぐ目的で使用されるもので、Y形、U形、V形、T形などがある。

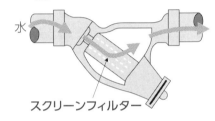

〔Y形ストレーナー〕

3 ○ 一般配管用ステンレス鋼鋼管（SUS-TPD）は、給水、給湯、排水、冷温水、冷却水、蒸気の還水等に使用される。

4 × **ボール弁**は、ボールを回転させて**開閉を行う弁**であり、小型で操作が簡単であり**抵抗が小さい**特徴を持っている。なお、逆流を防止する弁は、**逆止弁**である。（次ページの図参照）

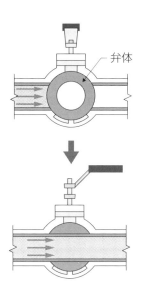

弁体

〔ボール弁〕

No. 27	ダクト及び ダクト附属品	正答	4

1○　シーリングディフューザーは、誘引作用が大きく、気流拡散に優れている。

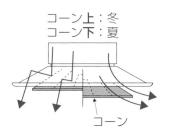

コーン上：冬
コーン下：夏

コーン

2○　ユニバーサル形吹出口は、羽根が垂直のV形（Vertical）、水平のH形（Horizon）、垂直・水平のVH形等がある。

3○　ノズル形吹出口は気流の到達距離が長く、大空間の壁面吹出口や天井面吹出口として使用される。

4×　たわみ継手は、空気調和機や送風機とダクトまたはチャンバーを接続する場合に、振動の伝播を防止するために用いられている。吹出口チャンバーとダクトの接続には、一般的にフレキシブルダクトを使用する。

No. 28	「設備機器」と「設計図書に記載する項目」の組合せ	正答	3

主な設備機器と設計図書に記載する項目は、下表のとおりである。

設備機器	設計図書に記載する項目
ボイラー	形式、定格出力、熱媒の種類、最高使用圧力、温水出入口温度、燃料の種類、燃料消費量、制御方式、電動機、台数
吸収冷温水機	型式、冷却能力、温水能力、冷水量、温水量、冷却水量、冷水出入口温度、温水出入口温度等
空気清浄装置	形式、風量、面風速、平均捕集率、初期抵抗、電動機、台数
換気扇	形式、羽根径、風量、静圧、電動機、台数

上表より、選択肢1～4の機器に記載する項目として騒音値は不要である。

よって、適当でないものは3である。（吸収冷温水機については、令和3年度（前期）No.28の解説も参照）。

35　　　　　　　　　　　　　問題◀本冊 p.52 ◀◀◀

No. 29	施工計画（工事着工前の確認事項）	正答	**2**

1 ○ 工事着工前に、**契約図書**により、**工事の内容**や**工事範囲、工事区分**を確認する。契約図書には、工事を請け負うときの契約書のほかに、工事請負契約約款、内訳明細書、仕様書及び設計図が添付される。また、現場説明書、質疑回答書が付け加えられることがある。

2 × **試験成績表**は、**工事完成時**の検査（完成検査）のとき用意しておく図書である。完成検査は施主またはその代理人が行う最終検査で、契約書、設計図書に基づいて、すべての機器の能力や仕様を確認する。

3 ○ **工事着工前**に、工事の施工に伴って必要となる**官公庁への届出**や**許可申請**を確認する。

4 ○ **工事着工前**に、工事敷地周辺の道路関係、交通事情、近隣との関係等について**現地の状況**を確認する。

No. 30	工程管理（ネットワーク工程表）	正答	**4**

クリティカルパスとは、すべての経路（ルート）のうちで**最も長い日数を要する経路**のことをいう。各ルートの作業日数について①の開始イベントから⑦の最終イベントに至るまでの各ルートの日数を集計すると、次のようになる。

(a) ①→③→④→⑥→⑦ ・・・・・
4日＋3日＋2日＋3日＝12日

(b) ①→②…③→④→⑥→⑦ ・・・・
5日＋3日＋2日＋3日＝13日

(c) ①→②→⑤→⑥→⑦ ・・・・・・
5日＋4日＋2日＋3日＝**14日**

(d) ①→②→⑤→⑦ ・・・・・・
5日＋4日＋2日＝11日

したがって、**クリティカルパス**は（c）の**1本**で（下表参照）、**所要日数は14日**となる。よって、**4**が正しい。

〔No.30のネットワーク工程表〕

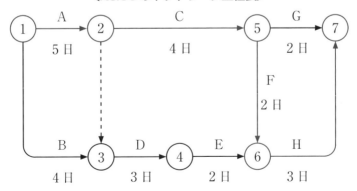

No. 31	品質管理（抜取検査）	正答	**3**

　品物を破壊しなければ検査の目的を達成しない場合は**抜取検査**で行う。管工事における抜取検査と全数検査の例は次の通り。

抜取検査	破壊検査が必要なもの、試験を行うと商品価値がなくなるもの、連続体やカサモノ（**防火ダンパー用温度ヒューズの作動試験、ダクトの吊り間隔、コンクリートの強度試験**、電線、ワイヤーロープ、砂など）。
全数検査	給水配管等の水圧試験、ボイラーの安全弁、埋設配管の勾配、防火ダンパー、防火区画貫通部分（穴埋め等）など。

　上表より、適当でないものは３である。

No. 32	安全管理	正答	**3**

1 ○　脚立の脚と水平面との角度は、**75度以下**とする（労働安全衛生規則第528条）。

開き止め金具

75°以下

2 ○　天板高さ70cm以上の可搬式

作業台には、**手掛かり棒**を設置することが望ましい。

手掛かり棒

ストッパー

3 ×　建設工事の死亡災害は、全産業の**約３割以上**（令和4年度：36％）を占め、**墜落・転落**による事故が多い（令和4年労働災害発生状況（厚労省）より）。

4 ○　**折りたたみ式脚立**は、脚と水平面との角度を確実に保つための**金具等を備えたもの**とする（選択肢1の解説図参照）。

No. 33	工事施工（機器の据付け）	正答	**1**

1 ×　防振装置付き機器や地震力が大きくなる重量機器は、できる限り地階や低層階に設置する。

2 ○　送風機は、レベルを**水準器**で確認し、水平が出ていない場合にはコンクリート基礎と共通架台の間に**ライナー**を入れて調整する。（次ページの図参照）

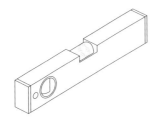

〔水準器の外観の例〕

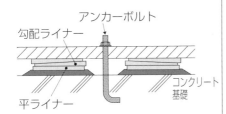

〔ライナーによる調整例〕

3 ○ **冷凍機**を据付ける場合は、凝縮器のチューブ引出しのための**有効な空間**を確保する。

4 ○ **パッケージ形空気調和機**を据え付けた場合、**冷媒名**又はその**記号**及び**冷媒封入量**を表示する。

No. 34	工事施工（配管及び配管附属品）	正答	**3**

1 ○ 地中埋設配管で**給水管と排水管が交差**する場合には、**給水管**を排水管より**上方**に埋設する。一般に、給水管の埋設深さは、管の上端より**敷地内**では**300mm以上**、**車両道路**では**600mm以上**、**寒冷地**では**凍結深度**以下とする（公共建築工事標準仕様書（機械設備工事編）第2編2.7.2)。

2 ○ イオン化傾向が大きく異なる金属を接合する場合（**鋼管とステン**

レス**鋼管、銅管と鋼管**等）は**絶縁フランジ**、絶縁ユニオンなどを用いる（下図参照）。ステンレス配管と電位の低い異種金属の管類（鋼管等）や機器類を直接接合すると**ガルバニック腐食**を起こす場合がある。

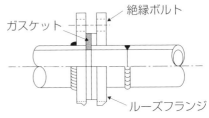

〔絶縁フランジの例〕

3 × 給水管を**地中埋設配管**にて建物内へ引き込む部分には、**フレキシブルジョイント**を設ける。建物内へ引き込む部分の対応例を下図に示す。

フレキシブルジョイントは、地震応力等による配管の変位を吸収する目的で設置され、**防振継手**は建築設備機器（ポンプ等）が発する**機械振動が配管や建物に伝わりにくくする**ために設置される。

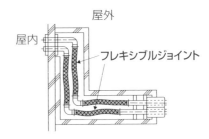

〔建物内へ引き込む部分の対応例（平面図）〕

4 ○ 排水管の**満水試験の保持時間**は、**最小30分**とする。減水状態を確認し、減水している場合は配管全体を調査して漏水個所を修理する。

No. 35	工事施工（ダクト 及びダクト附属品）	正答	**4**

1 ○ **変風量（VAV）ユニット**を天井内に設ける場合は、**制御部を点検**できるように**点検口**（450mm×450mm以上）等を設ける。

2 ○ **フレキシブルダクト**を使用する場合は、**有効断面を損なわない**よう施工する必要がある。

3 ○ **厨房の排気**は、油等が含まれるため、**ダクトの継目及び継手にシールを施す**。また、厨房の排気ダクトに長方形ダクトを用いる場合は、角の継目の接続はループ型（1点接続法）またはU字型（2点接続法）が適している。

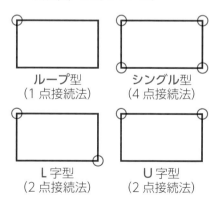

〔長方形ダクトの継ぎ目（はぜ）の位置〕

4 × **コーナーボルト工法**には、**共板フランジ工法**と**スライドオンフラ**ンジ工法がある。どちらもフランジがダクトと一体となっており、4隅のコーナー金具は**ボルト・ナットを使用**し、4隅以外の4辺は**フランジ押え金具**を使用して接合する。

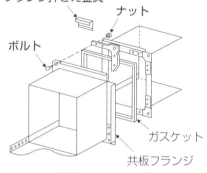

〔共板フランジ工法〕

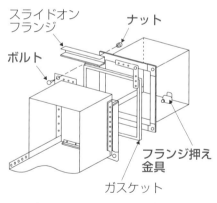

〔スライドオンフランジ工法〕

No. 36	工事施工 （保温・塗装）	正答	**4**

1 ○ **合成樹脂調合ペイント**は、エポキシ樹脂やアクリル樹脂、ウレタン樹脂などの合成樹脂を使用した

塗料である。特長としては、耐化学性が高い、耐久性が高いなどがあり、工業製品をはじめ建築物等の塗装に使用されている。塗装された表面の保護や耐候性に優れているので、**露出配管の上塗り塗料**として使用されている。

2○ **シートタイプの合成樹脂製カバーは、専用のピンで固定する**（下図参照）。一般的な施工方法は、重ね幅は25mm以上とし、直管方向の合わせ目を両面テープで貼り合せた後、150mm以下のピッチで、合成樹脂製カバー用ピンで押さえる。立て管部は、下からカバーを取り付け、ほこり溜まりのないよう施工する。

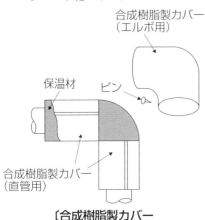

〔合成樹脂製カバー
（シートタイプ）の例〕

3○ **配管用炭素鋼鋼管（白ガス管）は、**表面に亜鉛メッキが施されている管材で、**さび止め用塗料として変性エポキシ樹脂プライマー**又は一液形変性エポキシ樹脂さび止めペイントを使用する。一液形変性エポキシ樹脂塗料は、変性樹脂を加えた調合ペイントで、現場で混ぜずにそのまま使用できる。

4× **グラスウール保温材（繊維系）**は、透湿抵抗が**低い**ため、ポリスチレンフォーム保温材（発泡プラスチック系）に比べて、**防湿性は劣る**。よって、グラスウール保温材を使用する際は**防湿層を施す必要がある**。一方、**不燃・耐火性**には優れている。

No. 37	工事施工（多翼送風機の試運転調整）	正答	**3**

1○ 送風機の軸受けは、運転中の潤滑剤の不足や、荷重がかかってキズがつくことによる回転不良が原因で軸受け部の温度が上がることがある。**軸受け部の温度**と周囲の空気との温度差が、**基準値以内**（原則として周囲の空気温度より40℃以上高くなってはならない）であることを確認する。

2○ **インバータ制御**の場合は、送風機の吐出側ダンパーは全開とし、**回転数を徐々に上げながら規定風量**となるように調整する。

3× **Ｖベルトはたわみなく強く張ってはいけない**。Ｖベルトを指でつまんで、ひねってみて、90度くらい捻れる程度か、**指で押してＶベルトの厚さぐらいたわむ程度**とす

る。Ｖベルトの張力は電動機を移動して調整する。なお、Ｖベルトは運転の経過とともに長さが変化するので、適宜、調整をしなければならない。

4○ 送風機を手で回し、羽根と内部に異常のないことを確認する。

| No.38 | 工事施工（配管系の識別表示） | 正答 | 1 |

JIS（日本産業規格）で規定されている配管系の識別表示は下表のとおりである。

物質等の種類	識別色
蒸気	暗い赤
油	茶色
ガス	うすい黄
電気	うすい黄赤
水	青
空気	白
酸又はアルカリ	灰紫

したがって、蒸気は「暗い赤」である。よって1が誤りである。

| No.39 | 労働安全衛生法 | 正答 | 4 |

1○ 安全衛生推進者を選任すべき事業場は、常時10人以上50人未満の労働者を使用する事業場とする（労働安全衛生規則第12条の2）。

2○ 事業者は、政令で定めるものについて、都道府県労働局長の免許を受けた者又は都道府県労働局長の登録を受けた者が行う技能講習を修了した者のうちから、作業主任者を選任し、その者に当該作業

に従事する労働者の指揮その他厚生労働省令で定める事項を行わせなければならない（労働安全衛生法第14条）。

3○ 事業者は、高所作業車を用いて作業を行うときは、当該作業の指揮者を定め、その者に作業計画に基づき作業の指揮を行わせなければならない（労働安全衛生規則第194条の10）。

4× 事業者は、移動はしごについては、次に定めるところに適合したものでなければ使用してはならない。①丈夫な構造とすること②材料は、著しい損傷、腐食等がないものとすること③幅は、30cm以上とすること④すべり止め装置の取り付けその他転位を防止するために必要な措置を講ずること（同法施行規則第527条第一～四号）。

| No.40 | 労働基準法 | 正答 | 2 |

1○ 労働基準法上、使用者は、その雇入れの日から起算して6箇月間継続勤務し全労働日の8割以上出勤した労働者に対して、継続し、又は分割した10労働日の有給休暇を与えなければならない（労働基準法第39条第1項）。

2× 労働基準法上、使用者は、労働者に、休憩時間を除き1週間について40時間を超えて、労働させてはならない（労働基準法第32

41　問題◀本冊 p.57 ◀◀◀

条第1項）。

3○ 労働基準法上、使用者は、労働者に対して、**毎週少なくとも1回の休日**を与えなければならない。または、**4週間を通じ4日以上の休日**を与えることでもよい（労働基準法第35条第1項、第2項）。

4○ 労働基準法上、使用者は、労働時間が**6時間を超える**場合においては少なくとも**45分**、**8時間を超える**場合においては**少なくとも1時間**の**休憩**時間を労働時間の途中に与えなければならない（労働基準法第34条第1項）。

No.41 建築基準法 正答 4

1○ **特殊建築物**に該当するのは、学校・体育館・病院・劇場・観覧場・集会場・展示場・市場・ダンスホール・百貨店・遊技場・公衆浴場・旅館・共同住宅・寄宿舎・下宿・**工場**・倉庫・自動車車庫・危険物の貯蔵場・と畜場・火葬場・汚物処理場その他これらに類する用途に供する建築物である（建築基準法第2条第二号）。

2○ **主要構造部**とは、壁、柱、床（最下階の床は除く）、はり、**屋根又は階段**をいう（建築基準法第2条第五号）。

3○ 建築基準法で定義されている**建築設備**とは、建物に設ける電気、ガス、給水、排水、換気、暖房、冷房、消火、排煙若しくは汚物処理の設備又は煙突、**昇降機**若しくは避雷針をいう（建築基準法第2条第三号）。

4× **構造耐力上主要な部分**とは、基礎、基礎ぐい、**壁、柱、小屋組、土台、斜材**（筋かい等）、**床版、屋根版又は横架材**（はり、けた等）である（建築基準法施行令第1条第三号）。よって、**階段は構造耐力上主要な部分ではない**。**階段は主要構造部**である（建築基準法第2条第五号）。

No.42 建築基準法 正答 1

1× 排水槽は、通気のための装置を設け、かつ**直接外気に衛生上有効に開放すること**、と規定されている。従って、建築物内の伸張通気管及び通気立て管に連結することは**できない**（昭和50年建設省告示第1597号第2第二号　ホ）。

2○ 給水管、配電管その他の管が、**防火区画を貫通する**場合においては、管の貫通する部分および当該貫通する部分からそれぞれ**両側に1m以内の距離**にある部分を**不燃材料**で造ること（建築基準法施行令第129条の2の4第1項第七号イ）。

3○ 排水再利用配管に連結する水栓には、**排水再利用水であることを示す表示**をしなければならない。

また、排水再利用配管を手洗器などの**衛生器具**に連結すると、誤飲した場合に衛生上重大な問題が生じるおそれがあるため**連結してはならない**（建設省告示第1597号第2第六号　ニ）。

4〇　排水トラップは、**二重トラップ**とならないように設ける（建設省告示第1597号第2第三号　ロ）。

| No.43 | 建設業法 | 正答 | **2** |

1〇　建設業法上、**営業所の所在地と**その営業にかかる**建設工事の施工場所**については、規定がない。従って、国土交通大臣および都道府県知事のいずれの許可であっても、**工事可能な区域に制限はない**。

2✕　建設業法上、建設業を営もうとする者は、**2以上の都道府県の区**域に営業所を設けて営業しようとする場合にあっては**国土交通大臣**の、**1の都道府県**の区域にのみ営業所を設けて営業しようとする場合にあっては当該営業所の所在地を管轄する**都道府県知事の許可を**受けなければならない（建設業法第3条第1項）。

3〇　建設業法第3条第1項第二号により、建設業を営もうとする者であって、その営業にあたって、その者が発注者から直接請け負う1件の建設工事につき、その工事の全部または一部を、下請代金の額

が政令で定める金額以上となる下請契約を締結して施工しようとする場合、建設業の許可を受ける必要がある。政令で定める金額は、同法施行令第2条から、**4,500万円**とし、許可を受けようとする建設業が建築工事業である場合、**7,000万円**とする、と規定されている。従って、国土交通大臣および都道府県知事のいずれの許可であっても、**受注可能な請負金額は変わらない**（建設業法第3条第1項第二号、建設業法施行令第2条）。

4〇　建設業法上、建設業の許可を受けて営業を行う場合、その**許可は5年ごとに更新**を受けなければならない。従って、国土交通大臣および都道府県知事のいずれの許可であっても、その**有効期限は5年**間である（建設業法第3条第3項）。

| No.44 | 建設業法 | 正答 | **2** |

1〇　建設業者は、その請け負った建設工事を施工するときは、当該工事現場における建設工事の施工の技術上の管理をつかさどる者である**主任技術者を置かなければならない**。従って、元請、下請にかかわらず、また請負金額の大小に関係なく、主任技術者を置く**必要がある**（建設業法第26条第1項）。

2✕　建設業者は、**元請、下請にかか**

わらず工事を請け負おうとする者は、建設業の許可を受けなければならない。ただし、**軽微な建設工事（管工事業にあっては500万円に満たない工事）**のみを請け負うことを業とする者は、建設業の許可を**受けなくともよい**（同法施行令第1条の2）。

3○　**2級管工事施工管理技士**は、一般建設業の管工事の営業所ごとに専任で置かなければならない技術者の資格および工事現場の管工事の技術上の管理をつかさどる**主任技術者の要件を満たしている**（建設業法第7条第一号、同法施行規則第7条の3第二号）。

4○　建設業者は、許可を受けた建設業に係る建設工事を請け負う場合においては、当該建設工事に附帯する**他の建設業に係る建設工事を請け負うことができる**。従って、管工事に附帯する**電気工事をあわせて請け負うことができる**（建設業法第4条）。

　消防法に基づく、危険物の規制に関する政令第1条の11に、**危険物の指定数量**については、別表第3に定める数量、と規定されている（下表参照）。設問のガソリンは**第一石油類**（非水溶性液体）であり、その指定数量は**200L**である。従って、**1が誤り**となる。

1○　浄化槽法第2条第一号により、浄化槽とは、便所と連結して**し尿及びこれと併せて雑排水を処理する**もの、と定義されている。従って、新設する浄化槽については、汚水のみを処理する単独処理浄化槽ではなく、汚水と併せて**雑排水も処理する合併処理浄化槽**でなければならない（浄化槽法第2条第一号）。

2○　浄化槽からの放流水の水質の技術上の基準は、浄化槽からの放流水の**生物化学的酸素要求量**（BOD）が、**1Lにつき20mg以下とする**（浄化槽法第4条第1項、環境省関

〔No.45　主な危険物の指定数量〕

品名	性質	主な物品	指定数量（リットル）
第一石油類	非水溶性液体	ガソリン・ベンゼン	200
	水溶性液体	アセトン	400
第二石油類	非水溶性液体	灯油・軽油	1,000
	水溶性液体	酢酸	2,000
第三石油類	非水溶性液体	重油・クレオソート油	2,000
第四石油類		ギヤー油・シリンダー油	6,000

係浄化槽法施行規則第1条の2）。

3 ○ 浄化槽設備士は、その職務を行うときは、国土交通省令で定める**浄化槽設備士証を携帯していなければならない**（浄化槽法第29条第4項）。

4 × 浄化槽工事業を営もうとする者は、業務を行おうとする区域を管轄する**都道府県知事の登録を受け**なくてはならない（浄化槽法第21条第1項）。

No.47	測定項目と法律の組合せ	正答	3

1 ○ **大気汚染防止法**第3条第2項第一号には、ばい煙発生装置から排出される、いおう酸化物の量についての許容限度が定められている。

2 ○ **水質汚濁防止法**第3条第1項には、排水基準における**水素イオン濃度の基準値**が定められている。

3 × 建築物衛生法施行令第2条では、建築物環境衛生管理基準の各種項目が規定されているが、**ばいじん量に関する基準又は測定**に関しては定められていない。なお、ばいじんに関する排出基準等については、**大気汚染防止法**により規定されている。

4 ○ 浄化槽法第7条第1項（設置後等の水質検査）において、浄化槽の管理者は、浄化槽の使用開始後3月を経過した日から5月間に指定検査機関の行う、**水質検査**を受

けなければならない、と規定している。また、環境省関係浄化槽法施行規則第4条第1項（設置後等の水質検査の内容等）により、**溶存酸素量**は設置後等の水質検査の項目に含まれている。

No.48	廃棄物処理法	正答	1

1 × **産業廃棄物**とは、事業活動に伴って生じた廃棄物のうち、政令で定める廃棄物、と規定されている。また、建設業に係るものについては、**工作物の新築、改築又は除去に伴って生じたものに限る**と定められている。従って、**現場事務所から排出される紙類、飲料空き缶、生ごみ等は一般廃棄物**である（廃棄物の処理及び清掃に関する法律施行令第2条第一～三号）。

2 ○ 産業廃棄物管理票の交付は、当該産業廃棄物の種類ごとに交付すること、**運搬先が2以上ある場合**は、運搬先ごとに交付する（廃棄物の処理及び清掃に関する法律施行規則第8条の20第一、二号）。よって、産業廃棄物管理票は、産業廃棄物の種類にかかわらず、**一括して交付することはできない**。

3 ○ 事業者は、その産業廃棄物の運搬または処分を他人に委託する場合において、運搬受託者および処分受託者から**電子情報処理組織を**使用し、**情報処理センターに登録**

を行う場合、委託する**産業廃棄物の種類**および**数量**、その他環境省令で定める事項を登録しなければならない。なお、情報処理センターに登録したときは、管理票を交付することを要しない（廃棄物の処理及び清掃に関する法律第12条の5第1項）。

4○ 管理票交付者は、管理票の写しを**管理票を交付した日から、5年間保存しなければならない**（廃棄物の処理及び清掃に関する法律第12条の3第2項、同法施行規則第8条の21の2）。

No. 49	施工管理法（工程表の特徴）	正答 **2,3**

1○ ガントチャート工程表は、横線式工程表で、**各作業の現時点での進行状況を棒グラフで示した図**である。長所は、表の作成や修正が容易で、**達成度（進行状況）が明確**であるが、短所は、**各作業の前後の関係が不明、工事全体の進行度が不明な点**である。規模の小さな建築工事で使用される。

作業名	達成度（%）
	20　40　60　80　100
準備作業	
配管工事	
機器据付け	
試運転調整	
後片付け	

〔ガントチャート工程表による表示〕

2× バーチャート工程表は、横線式工程表である。長所は、**各作業の施工日程や各作業の着手日と終了日が分かりやすい**、作業の流れが左から右へと示され、**作業間の関係が分かりやすい**などがあり、短所は、工期に対する**各作業の影響の度合いが正確に把握しにくい**などがあげられる。

作業名	9月			10月		
	10日	20日	30日	10日	20日	30日
準備作業						
配管工事						
機器据付け						
試運転調整						
後片付け						

〔バーチャート工程表による表示〕

3× ネットワーク工程表は、丸（イベント番号）と矢線（アロー）などの記号を使用し、各作業の順序関係を表し、丸および矢線には、作業名、作業量、所要時間など工程管理上必要な情報を書き込み管理する工程表である。**工期の短縮や遅れ**などに速やかに対処・対応できる特長をもっている。**フロート（余裕時間）**を求めることで、**配員計画が立てやすい**。

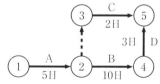

〔ネットワーク工程表による表示〕

4○ タクト工程表は、高層建物のように基準階が多くなり、**同一作業**

46

が繰り返される工事を効率的に行うために用いられる工程表である。

工事項目	○月	○月	○月	○月
3F			A	→○
2F		A	B	→○
1F	○—A→	B	C	→○

工期 →

〔タクト工程表〕

No. 50	施工管理法（機器の据付け）	正答 **1,4**

1 × 揚水ポンプの吐出し側には、ポンプに近い順に**防振継手、逆止め弁、仕切弁**を取り付ける。

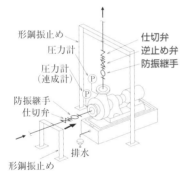

形鋼振止め
仕切弁
圧力計
逆止め弁
圧力計（連成計）
防振継手
防振継手
仕切弁
排水
形鋼振止め

〔揚水ポンプ廻りの施工要領〕

2 ○ ファンコイルユニットの床置形は、一般的に、室の**外壁の窓下等**に据え付け、冬期のコールドドラフトを防止する。

3 ○ 大型の送風機や送風機の**振動が躯体に伝搬**するおそれがある場合は、**防振基礎**とする。

（右段の図参照）

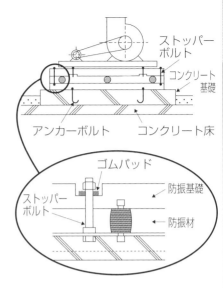

ストッパーボルト
コンクリート基礎
アンカーボルト
コンクリート床
ゴムパッド
ストッパーボルト
防振基礎
防振材

〔遠心送風機の防振基礎の施工例〕

4 × 埋込式アンカーボルトとコンクリート基礎の端部は、**100mm以上離す。**

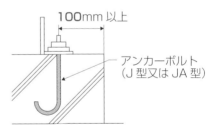

100mm以上
アンカーボルト（J型又はJA型）

〔埋込式アンカーボルトの施工例〕

No. 51	施工管理法（配管及び配管附属品）	正答 **3,4**

1 ○ 架橋ポリエチレン管の接合は、電気融着接合又はメカニカル接合とする。

（次ページの図参照）

47

問題◀本冊 p.62 ◀◀◀

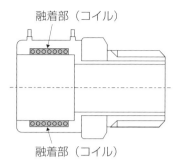

〔電気融着接合（融着式継手）の例〕

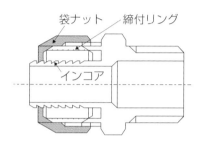

〔メカニカル接合
（袋ナット式継手）の例〕

2 ○　一般配管用ステンレス鋼鋼管の**管継手**には、メカニカル形、ハウジング形等がある。

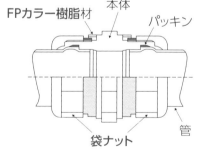

〔メカニカル形管継手の例〕

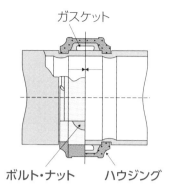

〔ハウジング形管継手の例〕

3 ×　排水横枝管が合流する場合、合流する排水管の**下部**に**接続**する。

4 ×　飲料用受水タンクからのオーバーフロー管や排水管は、ホッパーを設けて**間接排水**として排水する。なお、オーバーフロー管および排水管の管末から害虫等が侵入しないよう**防虫網**を設ける。オーバーフロー管には**トラップは設けない**。

No. 52	施工管理法（ダクト及びダクト附属品）	正答	**1,2**

1 ×　フレキシブルダクトは、ダクトと吹出口が偏心する場合や、吸込口ボックスの**接続用**として使用される。フレキシブルダクトを曲げるときは断面が潰れないよう注意する。

2 ×　変風量（VAV）ユニットの上流側が整流でないと、風量制御特

性に影響を及ぼすため、上流側はできる限り**直管部を設ける**ことが望ましい。また、ダクトの曲がり部から近い場合は、**ガイドベーン（案内羽根）**付き曲管等を設ける（下図参照）。

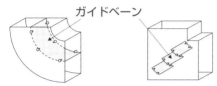

〔**ダクト曲がり部と
ガイドベーン（案内羽根）**〕

3 ○　浴室の排気に長方形ダクトを使用する場合は、ダクトの角の**継目が下面とならないように**取り付ける。

4 ○　送風機に接続する**たわみ継手**は、送風機の振動がダクトに伝搬しないよう設けられる。フランジ間隔は、**たわみ量を考慮し決定**される。送風機の番手によって異なるが、一般的に、**150mm以上**とされている。

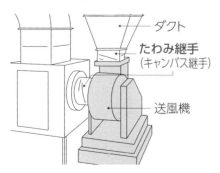

〔**たわみ継手**〕

No.1	環境工学（空気環境）	正答	**2**

1〇 一酸化炭素は、炭素を含む物質の燃焼中に酸素が不足すると発生する。室内空気中の酸素濃度は約21％で、**19%以下**になると**不完全燃焼**となり一酸化炭素が発生する。

2× 二酸化炭素は、直接人体に有害とはならない気体で、**空気より重い**（空気に対する二酸化炭素の比重は1.53）。

3〇 浮遊粉じん量は、室内空気の**汚染度**を示す指標の一つである。浮遊粉じんとは、粒径が10μm以下の粒子状物質のことで、室内環境基準では、許容濃度が0.15mg/m³以下とされている（建築物衛生法施行令第2条第一号イ一）。

4〇 ホルムアルデヒドは、内装仕上げ材や家具等から放散され刺激臭を有する。ホルムアルデヒドは、**シックハウス（シックビル）症候群**の原因の一つとされ、室内環境基準では、許容濃度が0.1mg/m³以下とされている（同法施行令第2条第一号イ七）。なお、室内環境の指標については、令和3年度（前期）No.1の表も参照。

No.2	環境工学（水に関する一般事項）	正答	**1**

1× カルシウム塩、マグネシウム塩を多く含む水は、**硬水**である。我が国の水道水は軟水で、水道水の水質基準の硬度（カルシウム、マグネシウム等）は300mg/L以下となっている。

2〇 BODは、**水中に含まれる有機物質の量**を示す指標である。水中に含まれる腐敗性有機物が微生物（好気性微生物）によって消費される酸素量で表す。河川の水質汚濁の指標となっている。

3〇 0℃の水が氷になると、**体積は約10%増加**する。また、**水の密度は約4℃が最大**（1,000kg/m³）となり、温度上昇とともに減少（体積は増大）する。また、4℃以下での密度は徐々に減少（体積は増大）する。

4〇 pHは、水素イオン濃度の大小を示す指標である。pHが7を**中性**とし、pHが7より低いときは**酸性**、pHが7より高いときは**アルカリ性**となる。

No.3	流体工学	正答	**3**

1〇 圧力計が示す圧力をゲージ圧といい、大気圧を基準（0：ゼロ）

とした値である。**絶対圧から大気圧を差し引いた圧力**となる。

圧力A点

ゲージ圧

大気圧 ——————— 絶対圧

真空

完全真空 ———————

※大気圧＝1気圧〔atm〕
　　　　＝0.1013MPa
　　　　＝760mmHg

〔ゲージ圧と絶対圧〕

2 ○ **表面張力**とは、液体の分子間の引力により、液体表面が収縮しようとする力のことである。**毛管現象**は、液体分子と固体分子との接触面での**付着力**と**液体の表面張力**により生じる。例えば、コップに入った水の中に細いストローを入れるとストロー（管内）の水面が上昇する。

3 × 流体が直管路を満流で流れる場合、**圧力損失の大きさ**は、**管路の長さ、管径、流速、密度、管摩擦損失係数に関係する**。

4 ○ **定常流**とは、流れの状態が、場所によってのみ定まり**時間的には変化しない**流れをいう。また、流れの状態が場所によって、**時間とともに変化する流れを非定常流**という。工学上の多くの場合、定常流とみなして検討されている。

| No. 4 | 熱工学 | 正答 | 2 |

1 ○ 熱容量の大きい物質は、**温まりにくく冷えにくい**。熱容量の単位はJ/Kで、物体の温度を1〔K〕上げるために必要な熱量〔J〕で示される。比熱に物体の質量を乗じた値となる。

2 × **熱放射**による熱エネルギーの移動では、**媒体は不要**である（熱放射は真空中でも生じる）。

3 ○ 熱は、低温の物体から高温の物体へ自然に移ること**はない**。これを熱力学の第二法則（クラウジウスの原理）という。

4 ○ **顕熱**は、**相変化を伴わない**、物体の温度を変えるための熱である。**物体の相変化に費やされる熱を潜熱**という。相変化とは、凝固・融解、蒸発・凝縮、昇華のことである。

| No. 5 | 電気設備 | 正答 | 4 |

1 ○ EM－IE（Eco Material-Indoor polyEthylene）は、**600V耐燃性ポリエチレン絶縁電線**である。低圧屋内用配線に使用されるビニル絶縁電線で、IVタイプエコ電線とも呼ばれている。

2 ○ PF（Plastic Flexible Conduit）は、**合成樹脂製可とう電線管**である。合成樹脂製可とう電線管にはCD管とPF管があり、CD管はコンクリート埋設専用、PF管は自

己消火性があり、露出配管や隠ぺい配管に使用可能である。

3○ MC（electroMagnetic Contactor）は、電磁接触器である。マグネットスイッチとも呼ばれ、負荷（電動機、ランプ等）の動作をON/OFFさせるものである。

4× ELCB（Earth Leakage Circuit Breaker）は、漏電遮断器である。漏電遮断器は、地絡保護・感電防止のために設けられる。配線用遮断器の文字記号は、MCCB（Molded Case Circuit Breaker）である。

No.6	鉄筋コンクリートの特性	正答	1

1× 鉄筋コンクリート造は、**剛性が高く振動による影響が少ない**。

2○ 異形棒鋼は、凹凸があるので丸鋼と比べてコンクリートの**付着力が大きい**。

〔丸鋼〕

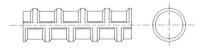

〔異形棒鋼〕

3○ コンクリートは**アルカリ性**のため、コンクリート中の**鉄筋は錆び**にくい。

4○ 鉄筋とコンクリートはよく付着し、**線膨張係数**は、常温で**ほぼ等**しい。

No.7	空気調和（空気調和方式）	正答	2

1○ **ファンコイルユニット・ダクト併用方式**は、全空気方式に比べて**ダクトスペースが小さく**なる。全空気方式（単一ダクト方式など）は、熱搬送を**空気のみ**で行うのに対し、ファンコイルユニット・ダクト併用方式は、**水と空気**で熱搬送するため、**空気**を搬送するダクトスペースは**小さく**なる。

2× **ファンコイルユニット・ダクト併用方式**は、ファンコイルユニット毎の**個別制御が可能**である。一般に、ファンコイルユニット・ダクト併用方式では、変動するペリメーターゾーン（外皮負荷）はファンコイルユニットで対応している。

3○ **パッケージ形空気調和機方式**は、一般に、室内換気の外気処理ができないため、別途、全熱交換ユニット等を使うなどして**外気を取り入れる必要がある**。

4○ **パッケージ形空気調和機方式**の冷媒配管は、**長さが短く高低差が小さい**方が空調機の運転効率が良い。

No.8	空気調和（湿り空気線図とシステム）	正答	3

設問の暖房時の湿り空気線図と空気

調和システム図中の位置の関係は、a点は①室内（居室）空気、b点は②外気、c点は①室内（居室）空気と②外気の混合空気（加熱コイル入口空気）、d点は③加熱コイル出口の空気、e点は④加湿器出口の空気（または室内吹出空気）の状態点となる。したがって、d点は③となり3が正しい。

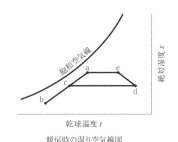

暖房時の湿り空気線図

空気調和システム図

No. 9	空気調和（熱負荷）	正答	4

1 ○ 熱通過率とは、**構造体の熱の伝わりやすさ**を示したものである。構造体の構成材質が同じであれば、厚さの**薄い方が熱通過率は大きく**なる。

2 ○ 冷房負荷計算で、窓ガラス面からの熱負荷を算定する時は**ブラインドの有無を考慮する**。窓ガラスからの熱負荷には、伝熱による熱負荷と日射による熱負荷があり、**日射**による熱負荷については、ガラスの**遮へい係数**（内側ブラインドの場合：約0.6）を考慮する。

3 ○ 暖房負荷計算では、一般的に、**外気温度の時間的変化を考慮しない**。冷房負荷計算では、日射の影響を受ける外壁や屋根からの熱負荷、窓ガラスからの熱負荷については**方位別に時間的変化を考慮する**。

4 × 照明器具による熱負荷は、**顕熱のみで潜熱はない**。熱負荷には**顕熱と潜熱**があり、顕熱は室内の温度を上昇・下降させ、潜熱は室内の湿度を上昇・下降させる。

No. 10	空気調和（エアフィルター）	正答	4

1 ○ HEPAフィルター（High Efficiency Particulate Air Filter）は、高性能フィルターのことをいい、高度な清浄空間が要求される**クリーンルーム**やクリーンブース用の精密空調機器、製造装置の組込み用のファンユニットなどに用いられ、クリーン度クラス100〜10,000まで対応が可能とされている。

2 ○ 活性炭フィルターは、化学吸着式のフィルターで、塩素ガスや亜硫酸ガスなどの比較的分子量の大きなガス、臭いなどを活性炭に吸

着させて除去するものである。

3 ○　自動巻取形のエアフィルターは、**一般空調用**に使用されている。タイマー又はフィルター前後の差圧スイッチによりロール状ろ材を自動的に巻き取る（自動更新方式）。

4 ×　**電気集じん器**は、**一般空調用**に使用されている。一般に、厨房排気には**グリスフィルター**が用いられている。

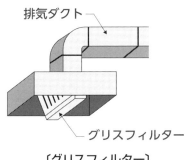

排気ダクト

グリスフィルター

〔グリスフィルター〕

No. 11	冷暖房設備 （放射冷暖房方式）	正答	2

1 ○　放射冷暖房方式は、天井、床、壁や室内パネルの表面を冷却又は加熱し、放射熱によって冷房又は暖房を行うもので、室内における**上下の温度差が少ない**。

2 ×　**放射暖房方式**は、床等の表面を加熱し、**加熱部表面からの放射熱（赤外線）**によって暖房を行うものである。室内上下の**温度差が少ないため、天井の高いホール等では良質な温熱環境が得られやすい**。

3 ○　放射冷房方式は、放熱面温度を下げすぎると放熱面で**結露を生じる場合がある**。放熱面温度が室内空気の**露点温度以下**になると放熱面で**結露**が生じるため注意が必要である。

4 ○　放射冷房方式は、一般的な対流式の冷房と比べて体感温度が－2℃程度となるため、室内空気温度を高めに設定しても温熱感的には**快適な室内環境**を得ることができる。

No. 12	冷暖房設備（パッケージ形空気調和機）	正答	4

1 ○　**マルチパッケージ形空気調和機**は、一般ビル建築物では、冷房と暖房を切り替えて使用する**2管式**が採用されることが多い。**3管式**は、**1台の屋外機で冷房と暖房を屋内機ごとに選択**でき、同一系統内で冷暖房が混在する場合は、他のユニットからの排熱回収が図れる。

2 ○　業務用パッケージ形空気調和機は、一般的に、**代替フロン（HFC）**が使用されている。代替フロンとは、オゾン層破壊物質としてモントリオール議定書で削減対象とされた「特定フロン」（CFC）を代替するために開発されたHCFC、HFC、PFC等の物質のことである。HFCは、オゾン層破壊係数（ODP）がゼロであるが、地球温暖化の原因である温室効果ガスのひとつと

なっており、フロン排出物抑制法
の規制対象となっている。

3 ○ パッケージ形空気調和機には、
空気熱源ヒートポンプ式と**水熱源**
ヒートポンプ式がある。**空気熱源
ヒートポンプ式**は、一般ビル建築
物で多く採用されている。**水熱源**
方式は、冷媒配管の距離や屋外機
と屋内機の配置に無理がある場合
などに採用されている。

**4 × マルチパッケージ形空気調和機
方式**は、屋外機と屋内機で構成さ
れ、**ボイラーや冷凍機などの熱源
機器を設置する必要がない**ため、
ユニット形空気調和機を用いた空
気調和方式に比べて、**機械室面積
等が小さくて済む**。

No. 13	換気設備（換気に関する一般事項）	正答	**1**

1 × 営業用の厨房（業務用）の換気
設備は、燃焼空気の供給のための
目的もあるが、厨房内で発生した
水蒸気や臭気等が他室に漏洩しな
いよう室内を**負圧**とする。第一種
機械換気が採用される。

第一種機械換気方式

（右段の図も参照）

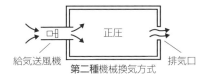
第二種機械換気方式

第三種機械換気方式

2 ○ 第一種機械換気方式は、給気側
と排気側の**両方に送風機**を設ける
方式である。

3 ○ 駐車場の換気は、一般に、第一
種機械換気方式又は第三種機械換
気方式で室内を**負圧**に保つように
している。最近は、室内の空気を
誘引ファンによって換気する**誘引
誘導換気方式**を採用する場合があ
る。誘引ファンにより、吹出ノズ
ルから高速で空気を吹き出し、**周
囲の空気を誘引**して気流をつくり、
空気の移送や攪拌を行い換気する。

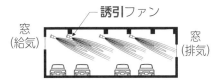
〔誘引誘導換気方式〕

4 ○ 第三種機械換気方式は、排気側
に**送風機**を設け、**給気は自然給気**
となるため、換気対象室内は**負圧**
となる。汚染された室内空気を他
室に漏洩することを防ぎたい室の

換気に採用される。

No. 14　換気設備（換気に関する一般事項）　正答 3

1 ○　第二種機械換気方式は、給気側に**送風機**を設け、排気は**自然排気**となるため、換気対象室内は正圧となる。したがって、建具等から室への空気の侵入**抑制すること ができる。**

2 ○　**局所換気**は、汚染物質を汚染源の近くで補そく・処理し、周辺の室内環境を衛生的かつ安全に保つ上で**有効である。**局所換気としては、一般ビルのトイレの換気、実験室では**ドラフトチャンバー**による換気等があげられる。

3 ×　**自然換気方式**には風力換気と温度差換気があり、温度差換気では、**換気対象室の天井高さの1/2以下の位置に給気口を設ける**（建築基準法施行令第129条の2の5第1項第二号）。

4 ○　**居室の換気**は、室内の二酸化炭素の許容濃度を1,000ppm（0.1％）以下に抑えられる換気量としている（建築物衛生法施行令第2条第一号イ⑵）。換気は**外気**を取り入れて行うので、**外気の二酸化炭素濃度も考慮しなくては**ならない。

No. 15　上水道施設　正答 2

1 ○　取水施設は、河川、湖沼又は地下水源から原水を取り入れ、粗いごみや砂等を取り除いて導水施設へ送り込む施設である。

2 ×　取水施設で取り入れた原水を浄水施設へ送るのは、**導水施設**である。送水施設は、浄水施設から**配水池**まで必要な量の水を送るためのポンプ、送水管等からなる施設である。

3 ○　着水井は、**水位の動揺を安定させる**とともに、その量を調整させるための役割がある。

4 ○　**結合残留塩素**は、遊離残留塩素より殺菌作用が**低い。**

No. 16　下水道　正答 3

1 ○　下水道本管に接続する取付管の勾配は、**1/100以上**とする。

2 ○　公共下水道は、汚水を排除すべき排水施設の相当部分が暗きょ構造となっている。地方公共団体が管理する下水道では、**終末処理場**を有している。

3 ×　**段差接合**により下水道管きょを接合する場合、地表勾配に応じて適当な間隔にマンホールを設け、**1箇所当たりの段差は1.5m以内**とする。原則として副管を使用するのは、段差が**0.6m以上**ある場合の**合流管きょ及び汚水管きょ**である。

（次ページの図参照）

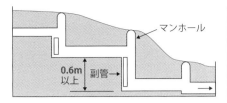

〔副管の例〕

4○ 下水道本管に放流するための汚水ますの位置は、公道と民有地との**境界線付近**とし、ますの底部には**インバート**（ますの底面をえぐるように掘った溝）を設ける。

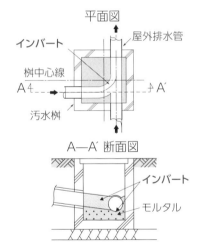

〔汚水桝（インバート桝）〕

No. 17	給水設備	正答	2

1○ 揚程が**30mを超える**給水ポンプの吐出し側に取り付ける逆止め弁は、一般には、スイング式逆止め弁を用いるが、**ウォーターハンマー**の発生を防止するために衝撃

吸収式逆止め弁（スプリングを内蔵した急閉鎖型のリフト式逆止弁）とする。

2× 受水タンクのオーバーフローの取り出しは、**給水吐水口端の高さより下方**からとする。

3○ 受水タンクへの給水には、**ウォーターハンマー**を起こりにくくするため、一般的に、ボールタップの開閉及び電磁弁などの開閉により作動する差圧式構造の**定水位弁**（副弁付定水位弁、通称FM弁）が用いられる。

4○ **クロスコネクション**とは、**飲料用系統とその他の系統**（雑排水管、汚水管、雨水管、ガス管など）が、配管・装置により**直接接続**されることをいう。

No. 18	給湯設備	正答	4

1○ **FF方式**のガス給湯器とは、燃焼用の**外気導入**と燃焼排ガスの**屋外への排出**を同時に送風機を用いて強制的に行う。

2○ 60℃の湯**60L**と、10℃の水**40L**を混合した時、混合時に熱損失がないと仮定すると、**混合水100L**の温度は比重等を無視し、**比率の計算**では、以下のようになる。

X℃ × **100L** = (60℃ × **60L**) + (10℃ × **40L**)

$X = \{(60℃ × \mathbf{60L}) + (10℃ × \mathbf{40L})\}$

/100L = 4,000℃・L/100L = 40℃

よって、混合水100Lの温度は40℃となる。

3 ◯　逃し管は、加熱による水の膨張で装置内の圧力が異常に上昇しないように設ける。この管には仕切弁を設けてはならない。

4 ✕　湯の使用温度は、一般的に、給茶用は90℃、洗面用は、35〜40℃程度である。

No.19	衛生器具	正答	2

2の掃除用流しは、65mmである。

衛生器具のトラップ最小口径

器具	接続口径〔mm〕
大便器	75
小便器（小型）	40
小便器（大型）	50
洗面器	30
手洗い器	25
汚物流し	75
掃除用流し	65
浴槽（洋風）	40

No.20	排水・通気設備	正答	4

1 ◯　トラップの封水は、自己サイホン作用、吸出し作用（誘導サイホン作用）、跳ね出し作用、蒸発、毛管現象等により損失する場合がある。

2 ◯　建物内で用いられる代表的な排水通気方式には、ループ通気方式、各個通気方式、伸頂通気方式等が

ある。

3 ◯　各個通気管の取り出し位置は、器具のトラップウェアから管径の2倍以上下流側とする。

4 ✕　管トラップ（サイホン式トラップ）の形式には、Sトラップ、Pトラップ、Uトラップである。わんトラップは、ドラムトラップやボトルトラップと同じ非サイホン式トラップである。

No.21	屋内消火栓設備の加圧送水装置方式	正答	1

1 ✕　屋内消火栓設備の加圧送水装置方式に、水道直結による方式は含まない。連続的に放水できる高架水槽方式、圧力水槽方式、ポンプ方式の3種類である。

2 ◯　高架水槽による方式は屋内消火栓設備の加圧送水装置方式である。

3 ◯　圧力水槽による方式は屋内消火栓設備の加圧送水装置方式である。

4 ◯　ポンプによる方式は屋内消火栓設備の加圧送水装置方式である。

No.22	ガス設備	正答	3

1 ◯　貯蔵能力1,000kg未満のバルク貯槽（通常のボンベより大きく貯蔵できる容器）は、その外面から2m以内にある火気をさえぎる措置を講じ、かつ、屋外に設置する（液石法施行規則第19条第三号ヘ）。

2 ◯　液化石油ガス（LPG）用のガス漏れ警報器の有効期間は、5年で

ある(同法施行規則第50条第三号)。

3 × 都市ガスのようにガスの比重が1未満の場合、ガス漏れ警報設備の検知器は**燃焼器等から水平距離8m以内**で**天井面から30cm以内**の位置に設ける(公共建築工事標準仕様書(機械設備工事編)第6編2.2.1.2)。

4 ○ パイプシャフト内に密閉式ガス湯沸器を設置する場合、シャフト点検扉等に**換気口を設ける**。

No. 23	分離接触ばっ気 方式の処理フロー	正 答	**1**

小規模合併処理浄化槽には、主として好気性微生物を利用した**分離接触ばっ気方式**と嫌気性・好気性微生物を併用した**嫌気ろ床接触ばっ気方式**のほか、生活排水中の窒素を高度に処理できる**脱窒ろ床接触ばっ気方式**の三方式がある。設問の**分離接触ばっ気方式**(処理対象人員30人以下)の場合のフローは、次のようになる。

・分離接触ばっ気方式

このように、**分離接触ばっ気方式**は、**分離⇒接触ばっ気⇒沈殿の順になる**。その他の方式のフローは右段のとおりである。

・嫌気ろ床接触ばっ気方式

・脱窒ろ床接触ばっ気方式

No. 24	空気調和機	正 答	**3**

1 ○ **パッケージ形空気調和機**は、圧縮機、熱源側熱交換器、利用側熱交換器、膨張弁、送風機、エアフィルター等が、屋外機や屋内機に収納される。なお、電動機の制御には、**インバーター方式**が用いられている。

2 ○ ユニット形空気調和機の風量調節には、インバーター、スクロールダンパー及びインレットベーン方式(ブロワ機内の空気入口部に設けたベーンの開度を調整して風量を調整する方式)があり、省エネルギー効果が最も高いのは**インバーター方式**である。

3 × **ガスエンジンヒートポンプ式空気調和機**は、エンジンの排ガスや冷却水の排熱の有効利用により**暖房能力の方が高くなる**。

4 ○ ユニット形空気調和機は、**冷却コイル**、**加熱コイル**、**加湿器**、エ

リミネーター、送風機及びケーシングから構成され、冷却、加熱の**熱源装置を持たず**、他から供給される冷温水等を用いて空気を処理し送風する機器である。

No. 25 設備機器 正答 1

1 × 冷却塔は、冷凍機の**凝縮器に使用する冷却水を冷却**するもので、冷却水の一部を蒸発させ、その**蒸発潜熱**により**冷却水の水温を下げ**る装置である。

2 ○ 遠心ポンプには、渦巻ポンプとディフューザポンプがあり、**吐出し量は羽根車の回転速度に比例**して変化し、**揚程は回転速度の2乗**に比例して変化する。

3 ○ 軸流送風機には、ベーン軸流送風機、**チューブラ送風機**、**プロペラ送風機**があり、軸方向から空気が入り、軸方向に抜けるものである。

4 ○ パン（蒸気ざら）形加湿器は、水槽内の水を電気ヒーターや蒸気ヒーター等により加熱し**蒸気を発生**させて加湿する装置である。

No. 26 配管材料及び配管附属品 正答 4

1 ○ バタフライ弁は、仕切弁に比べ、**取り付けスペースが小さい**。弁の開閉が比較的速く流体の抵抗が小さい。

2 ○ 逆止め弁は、チャッキ弁とも呼ばれ、**スイング式**、**リフト式**等がある。スイング式は、リフト式に比べて弁が開いた状態での**開口面積が大きく、圧力損失が少ない**。

3 ○ 硬質ポリ塩化ビニル管の接合は、**接着接合（TS接合）、ゴム輪接合（RR接合）**等がある。

4 × 硬質ポリ塩化ビニル管の**VU管**は、**VP管**に比べて設計圧力が**低く**、肉厚が**薄い**。

VP	設計圧力 1.0MPa （静水圧＋水撃圧）
VU	設計圧力 0.6MPa （静水圧＋水撃圧）

No. 27 ダクト及びダクト附属品 正答 1

1 × 長方形（矩形）ダクト（風道）の**板厚**は、ダクトの**長辺**により決定する。

2 ○ 長方形ダクトの**アスペクト比（長辺と短辺の比）**は、原則として4以下とする。アスペクト比が大きいほど**摩擦抵抗は大きくなる**。

3 ○ フレキシブルダクトは、自由に曲がるため、**ダクトと吹出口・吸込口等との接続用**として用いられている。

4 ○ 変風量ユニット（VAV：Variable Air Volume）は、室内の**負荷変動に応じて風量を変化させる**ものである。

No. 28	設備機器と設計図書に記載する項目	正答	**2**

送風機において、設計図書に記載する項目は**全（静）圧**である。よって、**適当でないものは2**である。

設備機器と設計図書に記載する項目については、下表のとおりである。

設備機器と設計図書に記載する項目

設備機器	記載する項目
空気熱源ヒートポンプユニット	冷凍能力、加熱能力、夏季・冬季外気温度、冷温水量、**冷温水出入口温度**、電動機出力及び電源仕様、台数
送風機	形式、**呼び番号**、風量、**全（静）圧**、電動機出力及び電源仕様、台数
冷却塔	型式、冷却能力、冷却水量、冷却水出入口温度、**外気湿球温度**、騒音、電動機出力及び電源仕様、台数
瞬間湯沸器	型式、**号数**、能力、ガスの種類、ガスの消費量、台数
ポンプ	型式、**口径**、水量、揚程、電動機出力及び電源仕様、台数

No. 29	施工計画（公共工事における施工計画等）	正答	**3**

1○　**石綿（アスベスト）**は、労働安全衛生法施行令の改正（平成18年9月1日施行）により、**工事で使用する資機材は全面使用禁止**（製造等の禁止が当分の間猶予されている製品もあるが）となっている。なお、石綿（アスベスト）とは、天然に産出する繊維状鉱物のことである。

2○　**仮設計画**は、施工中に必要な現場事務所、足場、荷役設備、仮設水道、電力などの諸設備を整えることであり、**原則としてその工事の請負者（受注者又は施工者）の責任**において計画する。

3×　現場説明書と質問回答書の内容に相違がある場合は、**質問回答書が優先される**。設計図書の内容に相違がある場合の優先順は、①質問回答書、②**現場説明書**、③**特記仕様書**、④**設計図面**、⑤**標準仕様書（共通仕様書）**となっている。

4○　工事写真は、後日の**目視検査が容易でない箇所**（例：隠ぺい部の主要な部分、地面下の障害物又は埋設配管の深度等）のほか、**設計図書で定められている箇所**についても撮影する。工事写真は、施工が適切であったことを証明するため、その使用材料の品質、施工状況、出来形が明確に確認又は判定できるもので、「何を・誰が・どこで・いつ」などが盛り込まれていることや、必要に応じて、**小黒板**、**スケール**等を用い、明確に撮影し、保守や改修時の資料としても重要なので整理して保管しておく。

No. 30	工程管理（ネットワーク工程表）	正答	2

クリティカルパスとは、すべての経路のうちで**最も長い日数を要する経路**のことをいう。各ルートの作業日数について①の開始イベントから⑦の最終イベントに至るまでの各ルートの日数を集計すると、次のようになる。

(a) ①→②→③→⑥→⑦（A＋C＋F＋H）…4＋1＋5＋5＝15日

(b) ①→③→⑥→⑦（B＋F＋H）…5＋5＋5＝15日

(c) ①→②→④→⑤┈→⑥→⑦（A＋D＋E＋H）…4＋3＋4＋5＝**16日**

(d) ①→②→④→⑤→⑦（A＋D＋E＋G）…4＋3＋4＋4＝15日

したがって、**クリティカルパス**は、(c)の**1本**で（下表参照）、**所要日数は16日**となる。よって**2**が正しい。

No. 31	品質管理（品質の確認検査）	正答	2

1○ 抜取検査には**計数抜取検査**と計量抜取検査がある。**計数抜取検査**は、ロットの中から定められた数だけ抽出し、不良品の数や、欠点数を合計してロットの合否を決める。**計量抜取検査**は、この試料の各特性値（重さや成分）を測定し、その測定値によって合否を定める。

2× 品物を破壊しなければ検査の目的を達成しない場合は**抜取検査**で行う。管工事における抜取検査と全数検査の例は次のとおり。

抜取検査	**破壊**検査が必要なもの、試験を行うと商品価値がなくなるもの、連続体やカサモノ（電線、ワイヤーロープ、砂、防火ダンパー用温度ヒューズの作動試験、ダクトの吊り間隔、コンクリートの強度試験、など）。
全数検査	給水配管等の水圧試験、ボイラーの安全弁、埋設配管の勾配、**防火ダンパー**、防火区画貫通部分（穴埋め等）など。

3○ 不良品を見逃すと**人身事故のお**

〔No.30のネットワーク工程表〕

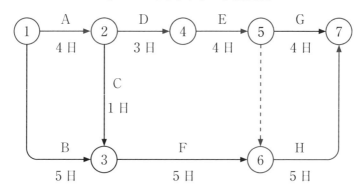

それがある場合は、全数検査とする。

4 ○ 抜取検査を行うときは、まず製品の仕切りを定め、**ロット**を構成し、これより試料（標本）を定められた数だけ抽出し、**ロットとして、合格、不合格が判定**される。

No. 32	安全管理	正答	**3**

1 ○ **熱中症予防のための指標**として、気温、湿度及び輻射熱に関する値を組み合わせて計算する**暑さ指数（WBGT）**がある。WBGT値を求める式は以下のとおり。

・日射がない場合

WBGT値＝0.7×自然湿球温度＋0.3×黒球温度

・日射がある場合

WBGT値＝0.7×自然湿球温度＋0.2×黒球温度＋0.1×乾球温度

2 ○ **回転する刃物を使用する作業**では、手が巻き込まれるおそれがあるので、**手袋の使用を禁止**する。労働安全衛生規則第111条（手袋の使用禁止）によると、「事業者は、ボール盤、面取り盤等の回転する刃物に作業中の労働者の手が巻き込まれるおそれのあるときは、当該労働者に**手袋を使用させてはならない**」とある。

3 × 労働者が、就業場所へ他の就業場所へ**移動する途中で被った災害**は、**通勤災害に該当する**。通勤災害とは、労働者が通勤により被った負傷、疾病、障害又は死亡をいい、この場合の「通勤」とは、就業に関し、次に掲げる移動をいう（労働者災害補償保険法第7条第四号②）。

・住居と就業の場所との間の往復

・**就業の場所から他の就業の場所への移動**

・住居と就業の場所との間の往復に先行し、又は後続する住居間の移動

4 ○ **ツールボックスミーティング**は、危険予知活動の一環として、作業関係者が行う短時間のミーティングである。関係する**作業者が作業開始前**に集まり、その日の**作業、安全等について話合いを行う**ことで、作業の進行に応じて作業中や職場ミーティング時にも行われる場合もある。

No. 33	工事施工（機器の据付け）	正答	**4**

1 ○ 飲料用受水タンクの上部には、汚染防止のため、排水設備や空気調和設備の配管等、**飲料水以外の配管は通さない**ようにする。

2 ○ 送風機及びモーターのプーリーの芯出しは、**プーリーの外側面に定規、水糸等を当て**出入りを調整する。

（次ページの図参照）

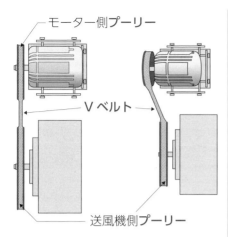

モーター側プーリー

Ｖベルト

送風機側プーリー

(a)芯出しが
正常の状態

(b)芯出しされて
いない状態

〔送風機及びモータープーリーの芯出し〕

3○ 汚物排水槽に設ける排水用水中モーターポンプは、点検、引上げに支障がないように、**点検用マンホール**の真下近くに設置する。

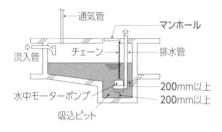

通気管

マンホール

流入管

チェーン

排水管

水中モーターポンプ

200mm以上

200mm以上

吸込ピット

〔排水槽と排水ポンプの設置例〕

4× 壁付洗面器を軽量鉄骨ボード壁に取り付ける場合は、仕上げボードの下に堅木材の**当て木等を設けて**から取り付ける。ボードに直接バックハンガーを取り付けない。（右段の図参照）

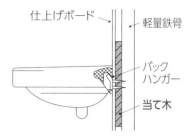

仕上げボード

軽量鉄骨

バックハンガー

当て木

〔軽量鉄骨ボード壁に洗面器を取り付ける場合の例〕

No. 34	工事施工（配管及び配管附属品の施工）	正答	1

1× 呼び径100の屋内横走り排水管の最小勾配は、1/100である。

2○ 排水トラップの封水深は、50mm以上100mm以下とする。排水トラップのディップからウェアまでの距離が封水深となる。

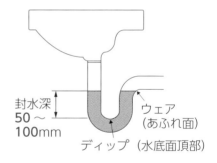

封水深
50～
100mm

ウェア
（あふれ面）

ディップ（水底面頂部）

3○ 便所の床下排水管は、一般的に、勾配を考慮して排水管を給水管より先に施工し、給水管は排水管から適切な距離を確保して施工する。

4○ 3階以上にわたる排水立て管には、各階ごとに満水試験継手を取り付ける。排水管は、配管施工後（被覆施工前）に満水試験を行い、

衛生器具を取り付けた後に通水（導通）試験を行う。

No. 35	工事施工（ダクト及びダクト附属品の施工）	正答	3

1○ 給排気ガラリの面風速は、騒音の発生等を考慮して決定する。面風速は、ガラリの各羽根の隙間面積（有効開口面積）を通過する風速で、一般的なガラリの通過風速の基準は給気3m/s以下、排気4m/s以下とされている。

2○ ダクトの断面を変形させるときの縮小部の傾斜角は、30度以内とする。また、拡大する場合の傾斜角は、15度以内とする。

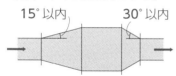

15°以内　　30°以内

〔ダクトの拡大・縮小〕

3× 風量測定口は、送風機及び風量調整ダンパーの後の主ダクト直管部（ダクト内の気流が安定した位置）に設ける。風量測定口は、送風機の吐出し口の直後は、気流が安定していないため正確な風量の測定が困難となる。

4○ 浴室等の多湿箇所の排気ダクトは、一般的に、継手及び継目（はぜ）の外側からシールを施す。また、水抜管を設ける場合もある。

No. 36	工事施工（塗装）	正答	1

1× 塗料の調合は、原則として、製造所で調合された塗料を使用する。

2○ 塗装の工程間隔時間は、材料の種類、気象条件等に応じて適切に定める。

3○ 塗装場所の気温が5℃以下の場合、湿度85%以上のときや、換気が不十分で乾燥しにくい場所での塗装は行わない。

4○ 下塗り塗料としては、一般的に、さび止めペイントが使用される。

No. 37	工事施工（異種管の接合）	正答	3

1○ 金属異種管の接合でイオン化傾向が大きく異なるものは、絶縁継手を介して接合する。

2○ 配管用炭素鋼鋼管と銅管の接合は、絶縁フランジ接合とする。

3× 配管用炭素鋼鋼管とステンレス鋼管の接合は、絶縁継手を介して接合する。絶縁継手を用いることで、ガルバニック腐食（異種金属接触腐食）を防ぐことができる。防振継手は、振動を伴う機器（ポンプ等）と配管を接続する際に用いられる。

4○ 配管用炭素鋼鋼管と硬質塩化ビニル管の接合は、ユニオン又はソケットを用いて接合する。

1 × ダクト内の圧力測定には、一般に、**ピトー管（マノメーター）** が用いられ、ダクト内の静圧、動圧、全圧を測定することができる。**直読式検知管は、室内空気に含まれるガス（二酸化炭素等）濃度を簡易測定する場合に用いられる。**

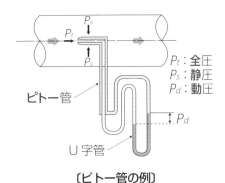

P_t：全圧
P_s：静圧
P_d：動圧

〔ピトー管の例〕

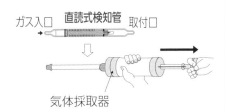

〔直読式検知管〕

2 ○ ダクト内風量の測定には、一般に、**熱線風速計**やピトー管（動圧から風速を求める）が用いられる。

3 ○ 室内温湿度の測定には、**アスマン通風乾湿計**が用いられる。（右段の図参照）

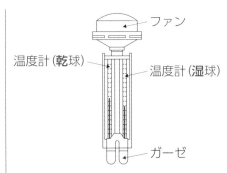

〔アスマン通風乾湿計〕

4 ○ 室内気流の測定には、**カタ計**が用いられる。

〔カタ計〕

1 ○ 事業者は、労働者を雇い入れたときは、当該労働者に対し、その従事する業務に関する**安全又は衛生のための教育を行わなければならない。**また、労働者の作業内容を変更したときについても**安全又は衛生のための教育**を行わなければならない（労働安全衛生法第59条第2項）。

2 ○ 事業者は、**移動はしご**については、次に定めるところに適合した

ものでなければ使用してはならない。①丈夫な構造とすること②材料は、著しい損傷、腐食等がないものとすること③幅は、30cm以上とすること④すべり止め装置の取り付けその他転位を防止するために必要な措置を講ずること（同規則第527条第一〜四号）。

3〇 事業者は、ガス溶接等の業務に使用する**ガス等の容器**については、その**容器の温度を40度以下に保つ**こと、と定められている（同規則第263条第二号）。

4× 事業者は、**酸素欠乏危険作業に**労働者を従事させる場合は、当該作業を行う場所の**空気中の酸素濃度を18％以上に保つ**ように換気しなければならない（酸素欠乏症等防止規則第5条第1項）。

No.40	労働基準法	正答	**4**

1〇 労働者が業務上負傷し、又は疾病にかかった場合においては、使用者は、その費用で**必要な療養を行い、又は必要な療養の費用を負担しなければならない**、と定められている（労働基準法第75条第1項）。

2〇 労働者が業務上負傷し、又は疾病にかかったため療養することにより、労働することができないために賃金を受けない場合においては、**使用者は、労働者の療養中平**均賃金の**100分の60**の休業補償を行わなければならない、と定められている（同法第76条第1項）。

3〇 労働者が業務上負傷し、又は疾病にかかり、治った場合において、その**身体に障害が存する**ときは、使用者は、その障害の程度に応じて、**平均賃金に法令で定める日数を乗じて得た金額の障害補償**を行わなければならない（同法第77条）。

4× 労働者が重大な過失により業務上負傷し、又は疾病にかかり、かつその使用者がその過失について**行政官庁の認定を受けた場合**においては、**休業補償又は障害補償を行わなくてもよい**（同法第78条）。

No.41	建築基準法	正答	**2**

1〇 建築面積は建築物の外壁又はこれにかわる柱の中心線で囲まれた部分の水平投影面積によることと定められている。ただし、軒、ひさしその他これらに類するもので、当該中心線から**水平距離1m以上突き出たもの**がある場合においては、その端から水平距離1m後退した部分は建築面積に算入する。従って、外壁又はこれにかわる柱の中心線から**1m突き出したひさしは、建築面積に算入しない**（建築基準法施行令第2条第1項第二号）。

2 × 昇降機塔、装飾塔、物見塔その他これらに類する建築物の屋上部分で、その水平投影面積の合計が、当該建築物の**建築面積の1/8以下のものは階数に算入しない**（同法施行令第2条第1項第八号）。従って、建築物の塔屋部分は、その用途と面積によっては**建築物の階数に算入される**。

3 ○ 延べ面積は、**建築物の各階の床面積の合計**による（同法施行令第2条第1項第四号）。

4 ○ 棟飾、防火壁の屋上突出部その他これに類する屋上突出物は、当該**建築物の高さに算入しない**（同法施行令第2条第1項第六号ハ）。

No. 42	建築基準法	正答	**2**

　建築物における中央管理方式の空調設備によって、居室の空気が適合しなければならない基準は、建築基準法施行令で定められており、一酸化炭素の含有率は、**6/100万（0.0006％＝6ppm）以下**である（建築基準法施行令第129条の2の5第3項）。

項目	室内環境基準
浮遊粉じんの量	空気1m³につき 0.15mg以下
一酸化炭素の含有量	6/1000000以下
炭酸ガスの含有量	1000/1000000以下
温度	①18℃以上28℃以下 ②居室における温度を外気の温度より低くする場合は、その差を著しくしないものであること
相対湿度	40%以上70%以下
気流	0.5m/s以下

No. 43	建設業法	正答	**4**

1 ○ 主任技術者及び監理技術者は、工事現場における建設工事を適正に実施するため、当該建設工事の**施工計画の作成、工程管理、品質管理その他**の技術上の管理及び当該建設工事の施工に従事する者の技術上の**指導監督の職務を誠実に行わなければならない**（建設業法第26条の4第1項）。

2 ○ 工事現場における建設工事の施工に従事する者は、**主任技術者又は監理技術者**が、その職務として行う**指導に従わなければならない**（同法第26条の4第2項）。

3 ○ 発注者から直接建設工事を請け負った特定建設業者は、当該建設工事を施工するために締結した**下請契約の請負代金の総額が政令で定める金額以上になる場合**においては、施工の技術上の管理をつかさどる者として、**監理技術者を置かなければならない**（同法第26条第2項）。

4 × 主任技術者は当該工事現場における建設工事の**施工の技術上の管理をつかさどる者**、と規定され

68

ている（同法第26条第1項）。また、公共工事標準請負契約約款第10条第2項には、「現場代理人は、この契約の履行に関し、工事現場に常駐し、その運営、取締りを行うほか、**請負代金額の変更、請負代金の請求及び受領**、第12条第1項の請求の受理、同条第3項の決定及び通知並びに**この契約の解除に係る権限を除き**、この契約に基づく受注者の一切の権限を行使することができる」と定められている。

No. 44	建設業法	正答	**1**

1 × 建設業者は、建設工事の注文者から請求があったときは、**請負契約が成立するまでの間に建設工事の見積書を交付しなければならない**（建設業法第20条第2項）。

2 ○ 建設業者は、その請け負った工事を、いかなる方法をもってするかを問わず、**一括して他人に請け負わせてはならない**（同法第22条第1項）。ただし、**重要な建設工事で政令で定めるもの以外の建設工事である場合において、当該建設工事の元請負人があらかじめ発注者の書面による承諾を得たとき**は、この規定は適用しない（同法第22条第3項）。**重要な建設工事**で、政令で定める建設工事とは、**共同住宅を新築する建設工事**とす

る（同法施行令第6条の3）。

3 ○ 請負人は、工事現場に**現場代理人を置く場合**においては、当該**現場代理人の権限に関する事項**及び現場代理人の行為についての注文者の請負人に対する意見の申出の方法を、**書面により注文者に通知**しなければならない（同法第19条の2第1項）。

4 ○ 建設工事の請負契約の当事者は、契約の締結に際して、工事内容、請負代金の額、工事着手の時期及び工事完成の時期等を書面に記載し、相互に交付しなければならない（同法第19条第1項）。

No. 45	消防法	正答	**3**

1 ○ 「消火器」は消火設備に該当している（消防法施行令第7条第2項）。

2 ○ 「屋内消火栓設備」は消火設備に該当している（同法施行令第7条第2項）。

3 × 防火水槽は、消防用水に該当する（消防法第17条第1項、同法施行令第7条第2項、第5項）。従って、「**防火水槽**」は消火設備に**該当しない**。

4 ○ 「スプリンクラー設備」は**消火設備に該当している**（消防法施行令第7条第2項）。

No. 46 建設リサイクル法　正答 **3**

　建設リサイクル法施行令第1条には、次のような**特定建設資材**が規定されている。①**コンクリート**　②**コンクリート及び鉄から成る建設資材**　③**木材**　④**アスファルト・コンクリート**。従って、3の**アスファルト・ルーフィング**は特定建設資材に該当しない。

No. 47 騒音規制法　正答 **4**

　騒音規制法第2条第3項及び同法施行令第2条、令別表第2により特定建設作業の基準及び内容が規定されている。また、特定建設作業に伴って発生する騒音の規制に関する基準（昭和43年厚生省・建設省告示第1号）には、規制基準が定められている。ただし、**災害その他非常事態の発生により特定建設作業を緊急に行う場合**、人命又は身体の危険防止のため特に特定建設作業を行う必要がある場合、**作業時間・作業期間・作業禁止日については除外**されている。しかし、**騒音の大きさの規制値（85デシベルを超えてはならない）**は適用される。従って、4が該当する。

No. 48 廃棄物処理法　正答 **1**

1 ×　地山の掘削により生じる掘削物は土砂であり、**土砂は廃棄物処理法の対象外**となる（建設工事等から生ずる廃棄物の適正処理につい

ての通知）。

2 ○　ポリ塩化ビフェニルを使用する部品（国内における日常生活に伴って生じたものに限る。）に、**廃エアコンディショナー**は該当する。従って、**特別管理一般廃棄物**である（廃棄物処理法施行令第1条第一号）。

3 ○　ガラスくず、コンクリートくず（工作物の新築、改築又は除去に伴って生じたものを除く。）及び**陶磁器くず**は、**産業廃棄物**に該当する（同法施行令第2条第七号）。

4 ○　工作物の新築、改築又は除去に伴って生じた産業廃棄物であって、**石綿をその重量の0.1%を超えて含有するもの**（廃石綿等を除く。）は、石綿含有産業廃棄物に該当する（同法施行規則第7条の2の3）。

No. 49 施工管理法（工程表）　正答 **1,3**

1 ×　**ガントチャート工程表**は、横線式工程表で示される。長所は、表の作成や修正が容易で、**達成度（進行状況）が明確**であるが、短所は、**各作業の前後の関係が不明、工事全体の進行度が不明**である。規模の小さな建築工事で使用される。（次ページの表参照）

作業名	達成度（%）				
	20	40	60	80	100
準備作業					
配管工事					
機器据付け					
試運転調整					
後片付け					

〔ガントチャート工程表による表示〕

2 ○ バーチャート工程表は、ガントチャート工程表の短所（前記）を改善し発展させたものである。

作業名	9月			10月		
	10日	20日	30日	10日	20日	30日
準備作業						
配管工事						
機器据付け						
試運転調整						
後片付け						

〔バーチャート工程表による表示〕

3 × バーチャート工程表は、ガントチャート工程表に比べ、作業間の**作業順序**が分かりやすいが、作業間の順序関係が分かりにくく、**工程が複雑な工事に適さない**。工程が複雑な工事では**ネットワーク工程表**が用いられている。

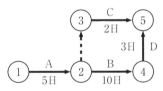

〔ネットワーク工程表による表示〕

4 ○ ネットワーク工程表は、ガントチャート工程表やバーチャート工程表に比べ、工期の**短縮**や遅れなどに**速やかに対処・対応できる**特徴をもっている。

No. 50	施工管理法（機器の据付け）	正答 **2,4**

1 ○ ユニット形空気調和機の基礎の高さは、ドレンパンからの排水に空調機用トラップを設けるため**150mm程度**とする。

2 × 冷却塔を建物の屋上に設置する場合は、構造体と一体となったコンクリート基礎上に直接又は形鋼製架台上に水平になるようにし、自重、積雪、地震、振動などに留意して堅固に据え付ける。建築物用途が病院、ホテルなどの直下階が居室の場合には、**防振装置を施す必要がある**。コイルばねやコイルばねとゴムを併用した防振装置などを採用する。

3 ○ 冷凍機に接続する冷水、冷却水の配管は、**荷重が直接冷凍機本体にかからないようにする**。配管の支持位置や支持方法は、自重支持、振止め支持、固定支持、防振支持、耐震支持など、支持の目的を検討して決定する。

4 × 排水用水中モーターポンプは、ピットの壁から吸込み管の管径の**2倍（最小200mm以上）**離して設置する。
（次ページの図参照）

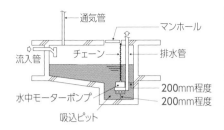

〔排水槽と排水ポンプの設置例〕

No. 51	施工管理法（配管及び配管附属品の施工）	正答	**1,4**

1 × 雨水ますには、溜めますが用いられる。**インバートます**は汚水ますに使用されるもので、固形物が滞留しないように**インバート（溝）**が設けられている。

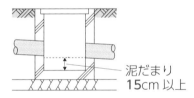

泥だまり
15cm 以上

〔雨水ます（溜めます）の例〕

2 ○ 排水用硬質塩化ビニルライニング鋼管の接続には、**排水鋼管用可とう継手（MDジョイント）**を使用する。

（右段の図参照）

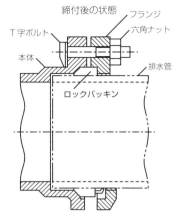

〔MD継手の例〕

3 ○ 鋼管のねじ（おねじ）**加工**には、**切削ねじ加工**と**転造ねじ加工**がある。**切削ねじ**は丸棒を回転し、丸棒からねじの谷部を削り取ってねじ山を造ったねじである。**転造ね**じは、金属の可塑性を利用してねじ転造ダイスの間で、ねじ素材を転がし、ねじ山を揉み出して造ったねじである。

4 × 樹脂ライニング鋼管（塩ビライニング鋼管・ポリ粉体鋼管等）の切断で、**発熱するもの（ガス切断、切断砥石等）、切粉を多く発するもの(チップソーカッター等)、管径を絞るもの（パイプカッター等）は使用してはならない。**

No. 52	施工管理法（ダクト及びダクト附属品の施工）	正答	**2,3**

1 ○ ダクトを拡大する場合は、15度以内の拡大角度とする。

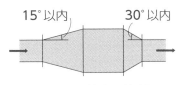

〔ダクトの拡大・縮小〕

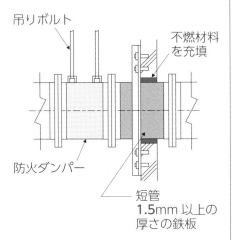

室内空気と外気を入れ替える（換気する）ための通気口である。外気に開放されているため、水止めによって雨水を遮り、金網(防虫網)で虫等の侵入を防ぐ構造とする。

2 × 　**風量測定口の数**は、一般的に、ダクトの**長辺が700mmの場合**は**2個**とする。公共建築工事標準仕様書（機械設備工事編）に、長辺**300mm以下は1個**、**300mm超え700mm以下は2個**、**700mm超えは3個**と決められている。

3 × 　**防火区画と防火ダンパー**との間の**貫通ダクト**は、**厚さ1.5mm以上の鋼板製**とする。

〔ダクトの防火区画貫通部施工例〕

4 ○ 　**外壁に取り付けるガラリ**には、衛生上有害なものの侵入を防ぐため、**金網等を設ける**。外壁に取り付けるガラリ（外壁ガラリ）は、

2級管工事施工管理技術検定 第一次検定 正答・解説

No. 1 環境工学（湿り空気） 正答 **4**

1 ○ 湿り空気の全圧が一定の場合、乾球温度と相対湿度が定まると、絶対湿度が定まる。湿り空気の状態は湿り空気線図からも求めることができ、乾球温度、湿球温度、相対湿度、絶対湿度、露点温度、比容積、比エンタルピのうち、2つの値が定まれば他の値も定まる。

2 ○ 絶対湿度は、湿り空気中に含まれている乾き空気（Dry Air）1kgに対する水蒸気の質量（kg又はg）で表す。絶対湿度の単位は、kg/kg（DA）又はg/kg（DA）が用いられる。

3 ○ 飽和湿り空気の乾球温度と湿球温度は等しい。飽和湿り空気は相対湿度100%となる。

4 × 飽和湿り空気は、相対湿度100%なので冷却しても相対湿度は100%で変わらないが、凝縮水の分だけ絶対湿度は降下する。

No. 2 環境工学（水に関する一般事項） 正答 **3**

1 ○ 濁度は水の濁りの程度を示し、色度は水の色の程度を示す度数である。水道水の水質基準では、濁度は2度以下、色度は5度以下で、肉眼でほとんど感じられない値と

なっている。

2 ○ COD（化学的酸素要求量）は、汚濁水を酸化剤で化学的に酸化するときに消費される酸素量をいう。CODは湖沼や海域の水質汚濁の指標として用いられる。

3 × DOとは溶存酸素のことで、水中に溶解する酸素の量を示す指標である。水に溶けない懸濁性の物質を示す指標は、SS（懸濁性物質）で、視覚的に水質汚濁を判断するときに用いられる。

4 ○ 硬度は、水中に溶存するカルシウムイオン及びマグネシウムイオンの量を示す指標である。水道水の水質基準では、硬度（カルシウム、マグネシウム等）は300mg/L以下となっている。

No. 3 流体工学 正答 **4**

1 ○ ニュートン流体とは、粘性による摩擦応力が速度勾配に比例する流体をいい、水や空気はニュートン流体として扱われる。

2 ○ 1気圧のもとで水（純水）の密度は、4℃付近（3.98℃）で最大となる。4℃から0℃に下降、または4℃〜100℃に上昇するにしたがい、水の密度は小さくなる。

3 ○ 液体の粘性係数は、温度が高く

なるにつれて減少する。また、気体の粘性係数は、温度が高くなるにつれて増大する。

4 × 大気圧の１気圧の大きさは、概ね深さ10mの水圧に相当する。

No. 4	熱工学	正答	2

1 ○ 単位質量の物体の温度を１K（℃）上げるのに必要な熱量を比熱という。なお、気体の比熱には，圧力を一定にしながら加熱したときの定圧比熱と、容積を一定に保ちながら加熱したときの定容比熱があり、一般に、比熱というと定圧比熱のことをいう。

2 × 熱エネルギーが高温部から低温部に移動することを熱移動という。自然の中では低温部から高温部に熱エネルギーが移動することはない（熱力学の第２法則）。低温部から高温部に熱エネルギーを移動させるには外部からのエネルギーが必要である。

3 ○ 単一物質では、固体から液体への相変化における温度は変わらない。温度変化が伴わず物質の状態変化に使われる熱を潜熱という。

4 ○ 熱と仕事は、ともにエネルギーの一種であり、これらは相互に変換することができる（熱力学の第１法則）。

No. 5	電気設備	正答	3

1 ○ 進相コンデンサは、回路の力率の改善に用いられる。

2 ○ ３Eリレー（保護継電器）は、回路の逆相（反相）の保護用として用いられる。

3 × 全電圧始動（直入始動）は、始動から誘導電動機に電源電圧をそのまま印加して始動する始動方法で、始動時トルクを制御するものではない。始動電流が定格電流の５〜８倍になるため、比較的小容量の誘導電動機に用いられている。

4 ○ スターデルタ始動は、始動時電流を全電圧始動で始動した場合の1/3とすることができ、中容量（11〜37kW）の電動機に用いられている。

No. 6	コンクリート打設後の初期養生	正答	1

1 × 養生時には、硬化中のコンクリートに振動や外力を加えないようにする。打込み時に、バイブレータを使用し、コンクリートに振動を与えて液状化させ大きな気泡を除去し適切な状態とする。

2 ○ 養生温度が低い場合は、高い場合よりもコンクリートの強度の発現が遅い。湿潤養生期間はセメント種類によるが、普通ポルトランドセメントは５日間以上とする。（次ページの表参照）

気温による養生期間（JASS 5 第8節より）

日平均気温	普通ポルトランドセメント	混合セメントB種	早強ポルトランドセメント
15℃以上	5日	7日	3日
10℃以上	7日	9日	4日
5℃以上	9日	12日	5日

3〇 直射日光や風雨等からコンクリートの露出面を、シートで覆い保護する。

4〇 湿潤養生は、乾燥を防止することで、打設後のコンクリートに水分を供給してコンクリートの強度の発現をより促進させる。

No.7	空気調和（定風量単一ダクト方式）	正答	**2**

1〇 定風量単一ダクト方式は、空気調和機で送風量を一定にして送風温度を変化させ、1本の主ダクトと分岐ダクトにより各室を空調する方式である。

2× 定風量単一ダクト方式は、各室ごとの温度制御が困難である。同一負荷形態の室に対して空調できるが、負荷形態の異なる室がある場合は個別に対応できない。

3〇 定風量単一ダクト方式は、一般的に、空調機は機械室にあるため、他の方式と比べて維持管理が容易である。

4〇 定風量単一ダクト方式は、送風量が多いため、室内の清浄度を保ちやすい、中間期の外気冷房にも対応しやすいなどの特長がある。

No.8	空気調和（結露）	正答	**4**

空気線図上に設問の条件をプロットして露点温度（DP）を求める（下図参照）。DPが10℃以下の場合はガラス表面で結露しない。

1× 居室の乾球温度が22℃、相

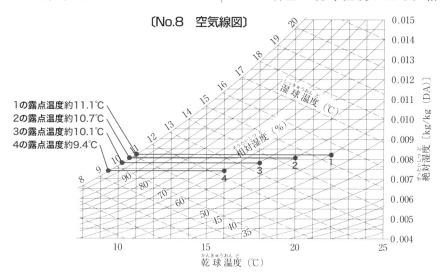

〔No.8 空気線図〕

1の露点温度約11.1℃
2の露点温度約10.7℃
3の露点温度約10.1℃
4の露点温度約9.4℃

湿球温度（℃）
相対湿度（%）
絶対湿度〔kg/kg (DA)〕
乾球温度（℃）

対湿度が50%のとき、DPは約11.1℃となる。ガラス表面温度が10℃の場合は結露する。

2 × 居室の乾球温度が20℃、相対湿度が55%のとき、DPは約10.7℃となる。ガラス表面温度が10℃の場合は結露する。

3 × 居室の乾球温度が18℃、相対湿度が60%のとき、DPは約10.1℃となる。ガラス表面温度が10℃の場合は結露する。

4 ○ 居室の乾球温度が16℃、相対湿度が65%のとき、DPは約9.4℃となる。ガラス表面温度が10℃の場合は結露しない。

したがって、4が正しい。

No. 9	空気調和 (熱負荷)	正 答	1

1 × 顕熱比（SHF）とは、全熱負荷（顕熱負荷＋潜熱負荷）に対する顕熱負荷の割合をいう。

顕熱比（SHF）＝顕熱負荷／（顕熱負荷＋潜熱負荷）＝顕熱負荷／全熱負荷

2 ○ 暖房負荷計算では、一般的に、日射負荷は安全側とみなして考慮しない。

3 ○ 外気負荷には、顕熱と潜熱がある。顕熱は、室内の温度を上昇・下降させ、潜熱は室内の絶対湿度を上昇・下降させる。

4 ○ 日射負荷は、顕熱のみである。なお、日射負荷は、地域、方位、

時間によって異なり、日射の当たる外壁（屋根）やガラス窓からの負荷に対して考慮する。

（令和5年（後期）No. 9の表参照）

顕熱	温度変化のみに費やされる熱
潜熱	絶対湿度の変化に費やされる熱

No. 10	空気調和 (空気清浄装置)	正 答	3

1 ○ ロール状ろ材を自動的に巻き取る自動更新方式は、タイマー又は前後の差圧スイッチにより自動的に巻取りが行われる。一般空調用に使用される。

2 ○ HEPAフィルターは、特殊加工した微細なガラス繊維をろ材としたもので、微細な粉じんを捕集することができる。クリーンルームなどの最終段フィルターとして使用される。

3 × 活性炭フィルターは、化学吸着式のフィルターで、塩素ガス（Cl_2）や亜硫酸ガス（SO_2）などの比較的分子量の大きなガス、臭いなどを活性炭に吸着させて除去するもので、粉じんの除去には使用されない。

4 ○ 静電式は、一般空調用に使用される。空気中の塵埃に高電圧を与えて帯電させて電極板に吸着させて粉じんを捕集する。

1○ 屋外より侵入する隙間風を減らすため、外壁に面する建具の**気密性を高める**ことは、コールドドラフトの対策となる。

2○ 外壁面からの熱損失を減らすため、外壁に断熱材を施すなど、**外壁面の熱通過率を小さくすること**は、コールドドラフトの対策となる。

3○ 窓面からの熱損失を減らすため、二重ガラスや複層ガラスを使用することは、コールドドラフトの対策となる。

4× 自然対流形の放熱器は、できるだけ外壁側窓ガラス下部に設置し、冷気を床面に下降させないことで、コールドドラフトの対策となる。

1○ 吸収冷凍機は、遠心（ターボ）冷凍機に比べて**冷却塔の容量が大きく**なる。

2× 吸収冷凍機の容量制御は再生器で行う。容量制御方式には、再生器入口の加熱蒸気圧を調整弁で制御する蒸気圧絞り制御方式、再生器に送る溶液の循環量を調節弁で制御する溶液絞り制御方式、再生器で凝縮した加熱蒸気のドレンを調整弁で制御する蒸気ドレン制御方式などがある。

3○ 一般に、吸収冷凍機の冷水温度は7℃程度で、遠心冷凍機の冷水温度は5℃程度である。したがって、吸収冷凍機より**遠心冷凍機**の方が、低い温度の冷水を取り出すことができる。

4○ 吸収冷凍機の冷媒には水、吸収剤には臭化リチウムが用いられている。

1× 吸収冷温水機（ガス焚き）などの燃焼機器を使用する機械室の換気方式は、室内が正圧となる第一種機械換気又は第二種機械換気とする。

2○ エアカーテンは、出入口などの開口部に特別な気流（下降流）を生じさせて、**外気と室内空気の混合を抑制**する（下図）。

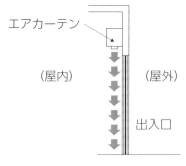

エアカーテン

（屋内）　　　（屋外）

出入口

〔エアカーテン設置の例〕

3○ 臭気、燃焼ガスなどの汚染源の異なる換気は、同一系統にしない。また、便所の換気系統と一般居室

の換気系統も同一系統にしない。

4 ○ 密閉式の燃焼器具を設けた室には、当該器具の燃焼空気のための**換気設備を設けなくてもよい**。燃焼器具は、密閉式、開放式、半密閉式に区分することができ、**密閉式は、燃焼のための給気と排気は屋外**空気となるので、室内空気は汚染されない。**開放式と半密閉式**は室内空気が汚染されるため**換気設備が必要**となる。

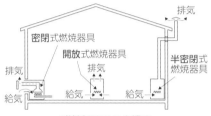

〔燃焼器具の種類〕

No. 14	換気設備 （給気口の寸法）	正答	3

給気口の有効開口面積 A〔m²〕は次式で求めることができる。

$A = Q/(3,600 \times v \times \eta)$

ここに、Q：換気風量〔m³/h〕

v：給気口の有効開口面風速〔m/s〕

η：給気口の有効開口率

上式に代入して算出すると、

$A = 720/(3,600 \times 2 \times 0.3)$

　$= 0.33$〔m²〕

したがって、3の700mm×500mm（＝0.35m²）が**適当**となる。

No. 15	上水道	正答	1

1 × 配水管より分水栓又はサドル付分水栓により給水管を取り出す場合、他の給水管（給水装置）の取り出し位置（取付口）との間隔を**30cm以上**とする（水道法施行令第6条第1項第一号）。

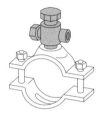

〔サドル付分水栓〕

2 ○ 簡易専用水道とは、水道事業の用に供する水道から供給を受ける水のみを水源とし、水の供給を受けるために設けられる水槽の有効容量の合計が**10m³を超えるもの**をいう（水道法第3条第7項、同法施行令第2条）。

3 ○ 浄水施設における**緩速ろ過方式**は、一般的に、**原水水質が良好で**濁度や色度が**低く安定**している場合に採用される。

4 ○ 給水装置とは、水道事業者の敷設した**配水管（水道本管）から分岐**して設けられた給水管及びこれに直結する給水栓などの給水用具をいう。

1○　建物からの排水が排除基準に適合していない場合には、**除害施設等を設けなければならない**（下水道法第12条第1項）。

2○　下水は、生活若しくは事業（耕作の事業を除く。）に起因し、若しくは付随する**廃水（汚水）や雨水**をいう（下水道法第2条第一号）。

3○　排水管の土被りは、建物の敷地内では、原則として**20cm以上**とする。なお、公道内に埋設する管きょの土被りは頂部と路面との距離を3m（やむを得ない場合1m）を超えることとする（道路法施行令第11条の4）。

4×　排水設備の雨水ますの底には、深さ15cm以上の**泥だまり**を設ける。

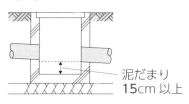

泥だまり
15cm以上

〔雨水ますの例〕

1○　水道直結方式は、高置タンク方式に比べ、**水質汚染の可能性が低い**。水道直結方式には、**直結直圧給水方式**（水道本管から直接に水道管を引き込み、止水栓および量水器を経て各水栓器具類に給水する）と**直結増圧給水方式**（受水槽を通さず直結給水用増圧装置を利用して直接中高層階へ給水する）とがある。

2○　省エネルギー性を向上させる項目には、**節水式衛生器具の採用**（節水コマや定流量弁などの必要以上の水消費を抑制する器具、節水型大便器や小便器などの従来より少ない水消費で機能する器具等）、**水道直結方式**の採用（低層建物の場合）等がある。

3×　建築物衛生法に基づく特定建築物において、雑用水用水槽は法令上の点検は**義務付けられている**（同法施行規則第4条の2第1項第二号「雑用水の水槽の点検等有害物、汚水等によって水が汚染されるのを防止するため必要な措置」）。

4○　給水管への逆サイホン作用による汚染の防止には、**吐水口空間**（給水栓又は給水管の吐水口端とあふれ縁との垂直距離）**の確保**が基本となる。洗浄弁付き大便器等は、必ずバキュームブレーカー（大気圧式）を取り付ける。
（次ページの図参照）

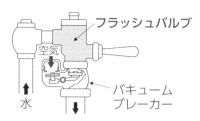

〔バキュームブレーカー構造図〕

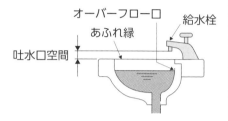

〔吐水口空間の例〕

No.18	給湯設備	正答	1

1 × 水道用硬質塩化ビニルライニング鋼管は、**給水・冷却水・冷温水（40℃以下）に使用**され、給湯配管は、一般的に**60℃以上で使用**されるので**不適当**である。

2 ○ ヒートポンプ給湯機（通称：エコキュート）は、**大気中の熱エネルギー**を給湯の加熱に利用するもので、**経済的で高効率性**がある。

3 ○ 給湯配管をコンクリート内に敷設する場合は、**保温材などをクッション材として機能させて**、熱膨張の伸縮によって配管が**破断しないように措置**を行う。

4 ○ ガス瞬間湯沸器の**先止め式**とは、機器の**出口側（給湯先）**の湯

栓の開閉でバーナーを着火消火できる方式で、一般的に屋外に設置してある湯沸器から配管により各所の水栓（湯栓）へと給湯するものである。なお、同時使用に十分に対応するためには、**24号程度の能力**のものが必要である。**号数**は、水温を25℃上昇したときの流量（L/分）の値をいう（1号：**1.75kW**、1分間当たり1Lの湯量）。

No.19	排水・通気設備	正答	4

1 ○ 排水トラップの**封水深さ**は、ウェアからディップをいい、**50mm以上100mm以下**である。ウェアは**あふれ面**といい、ディップは**水底面頂部**という（令和5年度（前期）No.19選択肢3の図参照）。

2 ○ **自己サイホン作用**とは、トラップ内や器具排水管内を排水が満流状態で流れるためサイホン作用が生じ、**封水が誘引されて損失する現象**をいう。自己サイホン作用を防止するには、器具排水口からトラップウェアまでの垂直距離が**600mmを超えてはならない**。

3 ○ 伸頂通気管は、**排水立管の頂部**を、管径を縮小せずに**延長**し大気中に開口する。

4 × 排水管の管径は、器具排水トラップの口径より**小さくしてはならない**。衛生器具別の接続最小口径（ト

ラップ口径）については、令和4年度（後期）No.19の表も参照。

No.20 排水設備　正答 1

1 × 器具排水負荷単位法において、排水横主管は同じ管径であれば**勾配に関係し、許容される排水負荷単位数は変わる**（下表参照）。

管径〔A〕	排水横主管及び敷地排水管の許容最大器具排水負荷単位数			
	勾　　配			
	1/200	1/100	1/50	1/25
50			21	26
65			24	31
75		20	27	36
100		180	216	250
125		390	480	575
150		700	840	1,000
200	1,400	1,600	1,920	2,300

2 ○ 排水管径**40mm**の排水勾配は**1/50**とする。

管径〔mm〕	勾配
65以下	1/50
75～100	1/100
125	1/150
150以上	1/200

3 ○ 例えば洗面器1個で排水管が30mmであっても、地中埋設や土間配管の場合は修理や配管交換が難しいため、管径は**太く50mm以上**とする（排水設備設計基準より）。

4 ○ ボトルトラップは、デザインがスッキリとしているため壁付けの洗面器などでトラップが見える場合などに使用され、**非サイホン式**なのでSトラップ（サイホン式）と比べて**封水損失は少ない**。

〔ボトルトラップの例〕

No.21 屋内消火栓設備　正答 2

1 ○ **1号消火栓**は、防火対象物の階ごとに、その階の各部からの水平距離が**25m以下**となるように設置する（消防法施行令第11条第3項第一号イ）。

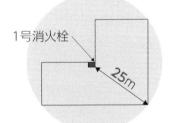

〔1号消火栓〕

2 × 屋内消火栓箱には、加圧送水装置の停止用押しボタンを**設置してはならない**。加圧送水装置は、**直接操作によってのみ**停止されるものである。

3 ○ **2号消火栓**（広範囲型を除く。）は、防火対象物の階ごとに、その階の各部からの水平距離が**15m以下**となるように設置する（消

防法施行令第11条第3項第二号イ
(1))。

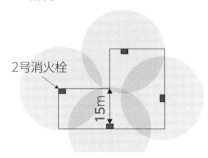

〔2号消火栓〕

4○ 屋内消火栓の**開閉弁**は、自動式
のものでない場合、床面から**1.5m
以下**の高さに設置する（消防法施
行規則第12条第1項第一号）。

No. 22	ガス設備	正答 2

1○ 液化石油ガス（LPG）の**バルク
供給方式**は、貯蔵タンクを備えた
タンク車により**工場や集合住宅**等
に用いられ、直接液化石油ガスを
充填する方式である。

2× 都市ガスの低圧供給方式は、一
般的に、**0.1MPa未満**の圧力で
供給される（ガス事業法施行規則
第1条第2項第一号、三号）。

供給方式と供給圧力

供給方式	供給圧力
低圧	0.1MPa未満
中圧	0.1MPa以上 1.0MPa未満
高圧	1.0MPa以上

3○ 液化石油ガス（LPG）の一般家
庭用のガス容器には、一般的に、
10kg、20kg、50kgのものが
ある。なお、ガス容器周囲温度は、
40℃以下に保つこと。

4○ 「ガス事業法」による特定ガス
用品の基準に適合している器具に
は、**PSマーク**が表示される。

〔PSマーク〕

No. 23	浄化槽	正答 3

1○ 厨房排水等、油脂類濃度が高い
排水が流入する場合には、前処理
として油と水の比重の違いを利用
した**油脂分離槽**又は**油脂分離装置
を設ける**必要がある。

2○ 浄化槽での処理工程の**一次処理**
とは、主として**沈降性**（沈みさが
る性質）**の浮遊物を除去する**こと
である。

3× **小規模合併処理浄化槽**には、分
離接触ばっ気方式と嫌気ろ床接触
ばっ気方式および脱窒ろ床接触
ばっ気方式があるが、**窒素やりん
等**はほとんど**除去することができ
ない**。よって、**高度処理型合併処
理浄化槽**で除去する。

4○ 生物処理法のひとつである**嫌気
性処理法**では、有機物（水中の汚
れ）が**メタンガスや二酸化炭素**等
の無機物に変化する。

<table>
<tr><td>No.
24</td><td>設備機器</td><td>正答</td><td>4</td></tr>
</table>

1 ○ ボイラーの容量は、最大連続負荷における**毎時出力**によって表され、温水ボイラーは**熱出力（定格出力）〔W〕で表す**。

2 ○ インバータ（回転数）制御方式のパッケージ形空気調和機は、インバータを用いて電源の周波数を変化させて**電動機の回転数を変化**させることにより、冷暖房能力を制御する。

3 ○ 大便器（C）、小便器（U）、洗面器（L）、掃除流し（S）等の衛生器具には、**陶器以外にも**、ほうろう、ステンレス、プラスチック等の器具がある。

4 × 便所排水の固形物を含んだ水を排出するためのポンプは、**汚物用水中モーターポンプ**である。**汚水用水中モーターポンプ**は、浄化槽の**処理水**や、地下の**湧水**、空調機などの**ドレーン等、固形物をほとんど含まない水**を排出するためのポンプである。

<table>
<tr><td>No.
25</td><td>飲料用給水タンク</td><td>正答</td><td>2</td></tr>
</table>

1 ○ 鋼板製タンク内の防錆処理は、**エポキシ樹脂**等の樹脂系塗料による**コーティング**を施す。

2 × FRP製タンクは、軽量で施工性に富み、耐食・耐候性に優れているが、屋外設置のタンクは**日光に**より内部に藻が生えたり、紫外線により劣化することがある。

3 ○ ステンレス鋼板製タンクを使用する場合は、塩素イオンに弱くタンク内上部の気相部は**塩素が滞留**しやすいので**耐食性に優れたステンレスを使用**する。

4 ○ 水槽の通気管（通気口）および**オーバーフロー管**の開口部には、衛生上有害なものが入らない構造としSUS製の**防虫網**を設ける。

<table>
<tr><td>No.
26</td><td>配管附属品</td><td>正答</td><td>1</td></tr>
</table>

1 × **Y形ストレーナー**は、円筒形のスクリーンを流路に対して45°傾けた構造で、横引きの配管では、**下部にスクリーンフィルターを引き抜きごみを取り除く**。

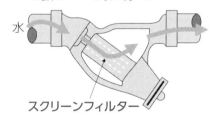

スクリーンフィルター

〔Y形ストレーナー〕

2 ○ **U形ストレーナー**は、工場及びプラント等の蒸気・空気・水・油の各系統に使用し、**上部のカバーを外しスクリーンを引き抜くタイプ**である。

3 ○ **ストレート形ストレーナー**は、流体がストレートに流れる構造のためY形及びU形のストレーナー

に比べて**圧力損失が小さい。**

4○ **複式バケット形のオイルスト**
レーナーは、バケット形を2台1
セットとしたストレーナーで、切
替えには三方弁を使用しているの
で、簡単に切り替えることができ、
点検が容易な構造となっている。

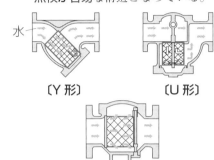

〔Y 形〕　　　　〔U 形〕

〔ストレート形〕

No. 27	ダクト及び ダクト附属品	正答	3

1○ スパイラルダクトは、亜鉛鉄板
をスパイラル状に甲はぜ機械がけ
したもので、接続には、**差込み継**
手又はフランジ継手を用いる。

2○ 円形ダクト用エルボの内側半
径は小さいと乱流が生じて騒音が
大きくなるので、**ダクトの直径の**
1/2以上とする。

3× ダクトの断面を変形させる場合、
上流側の拡大角度**15度以内**及び
下流側の縮小角度は**30度以内**と
する。
（右段の図参照）

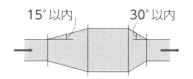

15°以内　　　　30°以内

〔ダクトの拡大・縮小〕

4○ 長方形ダクトの板厚は、長辺と
短辺ともに同じである。参考とし
て、公共建築工事標準仕様書（機
械設備工事編）より、低圧ダクト
の板厚（長方形）の板厚を下表に
示しておく。

低圧ダクトの板厚（長方形）

［単位：mm］

ダクトの長辺	適用表示板厚
450以下	0.5
450を超え750以下	0.6
750を超え1,500以下	0.8
1,500を超え2,200以下	1.0
2,200を超えるもの	1.2

No. 28	公共工事標準請 負契約約款	正答	2

「公共工事標準請負契約約款」上、
設計図書に**含まれない**ものは、2の実
施工程表である。**設計図書は、別冊の**
図面、仕様書（標準仕様書・特記仕様書）、
現場説明書及び現場説明に対する質問
回答書をいう（同約款第1条第1項）。

No. 29	施工計画（公共工事 における施工計画等）	正答	2

1○ 施工期間中の各工事において**養**
生が必要となる場合は、**あらかじ**
め施工計画書に明記する（公共建
築工事標準仕様書（建築工事編）
6.11.1)。工事現場での養生は、コ

令和4年度（前期）解説

ンクリート工事、塗装工事のほか、
先に完成した部分の破損や、工事
中の危険防止を防ぐため等に行わ
れる。

2 ✕ 工事現場の施工体制において、
**主任技術者は現場代理人を兼任す
ること ができる**（公共工事標準請
負契約約款第10条第5項）。

3 ○ **現場説明書と設計図面の内容に
相違**がある場合は、**現場説明書の
内容を優先**する。設計図書の内容
に相違がある場合の優先順位は、
①質問回答書、②現場説明書、③
特記仕様書、④設計図面、⑤標準
仕様書（共通仕様書）となってい
る（公共建築工事標準仕様書（建
築工事編）1.1.1）。

4 ○ **施工図**は、**工事施工に影響が出
ない**ように、作成範囲、作成順序、
作成予定日等をあらかじめ定めて、
逐次完成させる。

クリティカルパスとは、すべての経
路（ルート）のうちで**最も長い日数を
要する経路**のことをいう。各ルートの
作業日数について①の開始イベントか
ら⑦の最終イベントに至るまでの各ルー
トの日数を集計すると、次のようにな
る。

(a) ①→③→⑤→⑦（A＋C＋G）…4
＋4＋4＝12日

(b) ①→②→④→⑥→⑦（B＋D＋E
＋H）…5＋3＋2＋3＝13日

(c) ①→②⋯③→⑤→⑦（B＋C＋G）
…5＋4＋4＝13日

(d) ①→②⋯③→⑤→⑥→⑦（B＋C
＋F＋H）…5＋4＋3＋3＝**15日**

したがって、**クリティカルパス**は、(d)
の1本で（下表参照）、**所要日数は15
日**となる。よって**4が正しい**。

〔No.30のネットワーク工程表〕

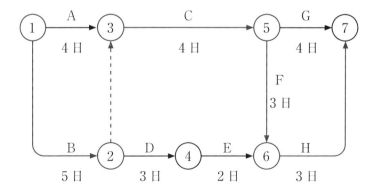

86

令和4年度(前期)解説

No. 31	品質管理（機器等の検査方法）	正答	4

1 ○ 防火区画の貫通部分の穴埋めは、**全数検査**で確認する。

2 ○ **給水配管の水圧試験**は、漏れがないことを確認するため、**全数検査**で確認する。

3 ○ ボイラーの安全弁は、不良品があってはならないので、**安全弁の作動**は**全数検査**で確認する。

4 × ダクトが防火区画を貫通する箇所に設ける**防火ダンパーの温度ヒューズの作動**は、検査するとヒューズが溶けて使用できなくなるため、**抜取検査**で確認する。

No. 32	安全管理	正答	3

1 ○ **重大災害**とは、一時に3人以上の労働者が、**業務上死傷又は罹病した災害事故**をいう。建設業では、三大災害として「墜落・転落災害」、「建設機械・クレーン等災害」、「崩壊・倒壊災害」があげられている。

2 ○ **指差呼称**は、指で差し示し、**目で確認**して、**大きな声で呼称する安全確認の手法**である。これまで事故・災害や重大なミスがあった作業、重大な事故・災害に結び付きそうな作業、複雑な内容で間違いが起こりやすい作業等で行うことが望ましい。

3 × 荷を吊り上げる**ワイヤーロープ**は、**安全係数6以上**を確保し、吊り角度を考慮して長さを選定する。揚貨装置の**玉掛けに用いるワイヤーロープの安全係数**は、**6以上**としなければならない（労働安全衛生規則第469条第1項、クレーン等安全規則第213条）。

4 ○ 事業者は、一の荷でその重量が**100kg以上**のものを貨物自動車に積む作業又は貨物自動車から卸す作業を行うときは、当該作業を**指揮する者**を定め、その者に作業を直接指揮させなければならない（労働安全衛生規則第151条の70）。

No. 33	工事施工（機器の据付け）	正答	1

1 × 吸収冷温水機は、圧縮機を使用していないので、運転時の振動が**小さい**。防振基礎の上に据え付ける必要が**ない**。

2 ○ アンカーボルトは、機器の据付け後、ボルトの頂部のねじ山がナットから**3山程度**出る長さとする。

3 ○ パッケージ形空気調和機は、コンクリート基礎上に防振ゴムパッドを敷いて**水平に据え付ける**。

4 ○ アンカーボルトを選定する場合は、常時荷重に対する許容引抜き荷重は、**長期許容引抜き荷重**とする。

No. 34	工事施工（配管の施工）	正答	3

1 ○ **冷媒配管の銅管の接合**には、差込接合（ろう付け）、フランジ接合、フレア接合がある。一般に、配管

同士の接合（ソケット、エルボ、チーズ等）部分は、**差込接合（ろう付け）**、機器と配管の接合部には**フランジ接合、フレア接合**が用いられている。

2 ○ **水道用硬質塩化ビニルライニング鋼管のねじ接合**においては、配管切断後、ライニング部の**面取り**を行う。

3 × **排水立て管**は、下層に行くに従い、途中で合流する排水量に応じて管径を大きくするような「**たけのこ配管**」は禁止されている。最下階の排水立て管に合流する排水量に応じた管径と同一の管径とする。

4 ○ 給水管の埋設深さは、私道内の**車両通路**（重車両通路部は除く。）では**600mm以上**とする。私道内の車両通行部以外は、**300mm以上**でよい。

No. 35	ダクト及びダクト附属品の施工	正答	**2**

1 ○ 低圧ダクトに用いる**コーナーボルト工法ダクトの板厚**は、アングルフランジ工法ダクトの板厚と同じとしてよい。

2 × **防火区画を貫通するダクト**と当該防火区画の壁又は床との隙間には、**不燃材料（モルタルやロックウール保温材等）**を充填しなければならない。グラスウール保温材は不燃材料ではないため使用できない。

3 ○ 送風機吸込口が**ダクトの直角曲**り部近くにあるときは、直角曲り部に**ガイドベーン（案内羽根）**を設ける。

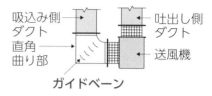

吸込み側ダクト　吐出し側ダクト
直角曲り部　送風機
ガイドベーン

〔送風機吸込み口と直角曲り部の接続例〕

4 ○ **アングルフランジ工法ダクト**の横走り主ダクトでは、**ダクトの末端部にも振れ止め支持**を行う。

No. 36	工事施工（保温、保冷、塗装等）	正答	**3**

1 ○ 冷温水配管の吊りバンドの支持部には、結露水を配管下に滴下させないため、**合成樹脂製の支持受け**を使用する（下図）。

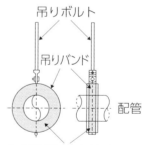

吊りボルト
吊りバンド
配管
合成樹脂製の支持受け

〔冷温水配管の吊りバンドの支持例〕

2 ○ 天井内に隠ぺいされる**冷温水配管の水圧試験**は、保温する前に実施する。

3 × **アルミニウムペイント**は、耐水性、耐候性、耐食性に優れ、蒸気

管や放熱器の塗装に使用されている。下塗りにさび止めペイントを使用し、中塗り、上塗りにはアルミニウムペイントを使用する。

4 ○ 塗装場所の相対湿度が**85%以上**の場合、原則として、**塗装は行わない**。そのほか、気温が**5℃以下**の場合、換気が不十分で結露が発生する場所など、塗装後の**乾燥**に不適切な場所では塗装を行わない。

| No. 37 | 工事施工（多翼送風機の試運転調整） | 正答 | 4 |

吐出しダンパーにより風量を調整する場合、多翼送風機の試運転調整は、一般的に次の順序で実施される。①**吐出しダンパーを全閉にする**。②手元スイッチで瞬時運転をし、回転方向を確認する。③送風機を運転する。④吐出しダンパーを徐々に開いて規定風量に調節する。⑤軸受温度を確認する。吐出しダンパーを全開にして送風機を運転すると始動電流が過大になり電路が遮断することがあるため、**吐出しダンパーを全閉にしてから運転する**。したがって、**4が正しい**。

| No. 38 | 工事施工（配管系の識別表示） | 正答 | 1 |

JISで規定されている配管系の識別表示は下表のとおりである。

物質等の種類	識別色
蒸気	**暗い赤**
油	茶色
ガス	うすい黄
電気	うすい黄赤
水	青
空気	白
酸又はアルカリ	灰紫

よって、**蒸気**は、暗い赤である。したがって、**1が誤り**である。

| No. ★39 | 労働安全衛生法 | 正答 | 4 |

1 ○→× 出題当時は、労働安全衛生規則第151条の67第1項より、事業者は、**最大積載量が5トン以上**の貨物自動車に荷を積む（又は卸す）作業を行うときは、<u>床面と荷台上の荷の上面との間</u>を安全に昇降するための設備を設けなければならず、正しい記述だったが、令和5年10月1日の法改正施行により、**最大積載量は5トン以上→2トン以上になった**ため、現在は**誤りの選択肢**である。

☆同改正法施行により、「床面と荷台上の荷の上面との間」の前に、「床面と荷台との間及び」の文言が追加された。

2 ○ 事業者は、**車両系荷役運搬機械等（フォークリフトを含む。）**を荷のつり上げ、労働者の昇降等当該車両系荷役運搬機械等の**主たる用途以外の用途に使用してはならない**。ただし、労働者に危険を及ぼすおそれのないときは、この限りでない（同規則第151条の14）。

3○ 事業者は、**高所作業車を用いて作業**（道路上の走行の作業を除く。）を行うときは、あらかじめ、当該作業に係る場所の状況、当該高所作業車の種類及び能力等に適応する**作業計画を定め**、かつ、当該作業計画により作業を行わなければならない（同規則第194条の9）。

4✕ クレーン、移動式クレーン又はデリックで、**つり上げ荷重が0.5トン未満のものには「クレーン等安全規則」の適用は除外**されている。従って、つり上げ荷重が5トン未満の移動式クレーンの場合は、「クレーン等安全規則」が適用される（クレーン等安全規則第2条第一号）。

| No. 40 | 労働基準法 | 正答 | **4** |

1○ 労働基準法上、使用者は、各事業場ごとに**労働者名簿**を、**各労働者（日日雇入れられる者を除く。）** について調製し、労働者の氏名、生年月日、履歴その他厚生労働省令で定める事項を記入しなければならない。従って、使用者は、**常時使用する労働者**について、**労働者名簿を作成しなければならない**（労働基準法第107条第1項）。

2○ 労働基準法上、親権者もしくは後見人又は行政官庁は、**労働契約が未成年者に不利である**と認められる場合において、将来に向かっ

てこれを解除することができる（同法第58条第2項）。

3○ 労働基準法上、使用者は満18才に満たない者に、厚生労働省令で規定する**危険な業務**に就かせ、**安全、衛生又は福祉に有害な場所における業務に就かせてはならない**（同法第62条第1項、第2項）。

4✕ 労働基準法上、使用者は、満18才に満たない者について、その年齢を証明する**戸籍証明書**を事業場に備え付けなければならない（同法第57条第1項）。

| No. 41 | 建築基準法 | 正答 | **3** |

1○ 建築基準法第1条において、この法律は**建築物の敷地、構造、設備及び用途に関する最低の基準**を定めて、国民の生命、健康及び財産の保護を図り、もって公共の福祉の増進に資することを目的とする、と定めている。

2○ **建築設備**とは、建築物に設ける電気、ガス、給水、排水、換気、暖房、冷房、消火、排煙もしくは汚物処理の設備又は煙突、昇降機もしくは避雷針をいう（同法第2条第三号）。

3✕ **大規模の修繕**とは、建築物の**主要構造部の一種以上について行う過半の修繕**をいう。従って、**熱源機器や建築設備関連の更新工事**は、**大規模な修繕に該当しない**（同法

第2条第十四号)。

4 ○ **耐水材料**とは、れんが、石、人造石、**コンクリート**、アスファルト、陶磁器、**ガラス**その他これらに類する耐水性の建築材料のことである(同法施行令第1条第四号)。

No. 42 建築基準法　正答 **2**

1 ○ 給水タンク(圧力タンク等を除く。)は、ほこりその他衛生上有害なものが入らない構造の**通気のための装置を有効に設ける**。ただし、**有効容量2m³未満の給水タンクはこの限りではない**(昭和50年建設省告示第1597号第1第二号イ(8))。

2 × 給水タンクには、内部の保守点検を容易かつ安全に行うことができる位置に、**マンホールを設けなくてはならない**。なお、このマンホールは直径**60cm以上の円が内接することができるもの**とする(ただし、外部から内部の保守点検を容易かつ安全に行うことができる小型タンクを除く)。(同告示第1第二号イ(4))。

3 ○ 給水タンク等の上にポンプ、ボイラー、空気調和機等の機器を設ける場合においては、**飲料水を汚染することがないように衛生上必要な措置を講じなければならない**(同告示第1第二号イ(9))。

4 ○ 給水タンク及び貯水タンクは、

ほこりその他衛生上有害なものが入らない構造とし、**金属製のもの**にあっては、衛生上支障のないように有効なさび**止めのための措置**を講ずること、と規定している(建築基準法施行令第129条の2の4第2項第五号)。

No. 43 建設業法　正答 **1**

1 × 「建設業」とは、元請、下請その他いかなる名義をもってするかを問わず、建設工事の完成を請け負う営業である。従って、**下請契約によるものも「建設業」に含まれる**(建設業法第2条第2項)。

2 ○ 「**下請契約**」とは、建設工事を他の者から請け負った建設業を営む者と他の建設業を営む者との間で当該**建設工事の全部又は一部について締結される請負契約**をいう(同法第2条第4項)。

3 ○ 「**発注者**」とは、建設工事(他の者から請け負ったものを**除く**。)の**注文者**をいう(同法第2条第5項)。

4 ○ 「**元請負人**」とは、下請契約における**注文者で建設業者であるもの**をいい、「**下請負人**」とは、**下請契約における請負人**をいう(同法第2条第5項)。

No.44 建設業法 正答 2

1 × 建設業者は、許可を受けた建設業に係る建設工事を請け負う場合においては、当該建設工事に**附帯する他の建設業に係る建設工事を請け負うことができる**。従って、**国土交通大臣の許可に限られた建設業許可であることに限定されない**（建設業法第4条）。

2 ○ 建設業を営もうとする者は、**2以上の都道府県の区域内に営業所を設けて営業しようとする**場合にあっては国土交通大臣の許可を受けなければならない（同法第3条第1項）。

3 × 建設業者とは、同法第3条第1項の**許可を受けて建設業を営む者**、と規定されている（同法第2条第3項）。従って、**国土交通大臣の許可に限られた建設業許可であることに限定されない**。

4 × 建設業を営もうとする者であって、その営業にあたって、その者が直接請け負う1件の建設工事につき、その工事の全部又は一部を、**下請代金の額が政令で定める金額以上となる下請契約を締結して施工しようとする場合、特定建設業の許可が必要**となる。その金額は、元請となった場合、下請けに出す**工事の金額が4,500万円以上（建築工事業の場合は7,000万円以上）**と規定されている。ただし、**下請契約を行い施工を行う者は、一般建設業の許可でよい**（同法第16条第一号、第3条第1項第二号、同法施行令第2条）。

No.45 消防法 正答 1

1 × 防火管理者は、防火対象物の位置、構造及び設備の状況並びにその使用状況に応じ、当該防火対象物の管理について権原を有する者の指示を受けて防火管理に係る**消防計画を作成**し、その旨を**消防長又は消防署長に届け出**なければならない。なお、防火管理に係る消防計画を変更するときも、同様とする（消防法第8条、同法施行規則第3条第1項）。

2 ○ 消防設備士でなければ行ってはならない工事整備対象設備等の工事をしようとするときは、**工事整備対象設備等着工届出書**を、消防設備士が工事着手の**10日前まで**に、**消防長又は消防署長に届け出**なければならない（同法第17条の14、同法施行規則第33条の18）。

3 ○ 危険物の製造所、貯蔵所又は取扱所を**設置**しようとする者は、その施設の区分ごとに設置場所の**市町村長等の許可**を受けなければならない（同法第11条）。

4 ○ 防火対象物の関係者は、当該防火対象物における**消防用設備等**又

は特殊消防用設備等の**設置に係る工事が完了**した場合において、その旨を工事が完了した日から4日以内に**消防長又は消防署長**に届け出なければならない（同法施行規則第31条の3第1項）。

No. 46	フロン類の使用の合理化及び管理の適正化に関する法律	正答	**1**

本法の対象となる**第一種特定製品**とは、以下の業務用の機器であって、**冷媒としてフロン類が充填されているもの**をいう。（ただし、**カーエアコン及び家庭用ルームエアコンは含まない**。）
1　エアコンディショナー
2　冷蔵機器及び冷凍機器（冷蔵又は冷凍の機能を有する自動販売機を含む。）
（フロン排出規制法第2条第3項）
従って、1の家庭用エアコンディショナーは、フロン排出規制法の**対象ではない**。

No. 47	浄化槽法	正答	**3**

1○　終末処理下水道又は廃棄物処理法に基づくし尿処理施設で処理する場合を除き、浄化槽で処理した後でなければ、**し尿を公共用水域等に放流してはならない**（浄化槽法第3条第1項）。

2○　浄化槽工事業者は、営業所ごとに浄化槽設備士を置くとともに、浄化槽工事を行う際には、浄化槽設備士自ら浄化槽工事を行う場合を除き、**浄化槽設備士に実地で監**督させなければならない（同法第29条第3項）。

3×　新たに設置され、又はその構造もしくは規模の変更された浄化槽については、環境省令で定める期間内に（使用開始後3月を経過した日から5月間）、浄化槽管理者は、**都道府県知事が指定する指定検査機関の行う水質に関する検査を受けなければならない**（同法第7条第1項、環境省関係浄化槽法施行規則第4条第1項）。

4○　浄化槽を工場で製造しようとする者は、製造する浄化槽の型式について、**国土交通大臣の認定を受け**なくてはならない（浄化槽法第13条第1項）。

No. 48	廃棄物処理法	正答	**2**

1○　建設工事の元請業者が自身で工事を行い産業廃棄物を発生させた場合、**排出事業者に該当**するため、**自ら処理施設へ運搬する際には、収集運搬業の許可は不要である**（廃棄物処理法第14条第1項）。

2×　本法では、一般廃棄物及び産業廃棄物に関係なく、**何人も、みだりに廃棄物を捨ててはならない**、と規定している。また、上記に違反して廃棄物を棄てた場合は、**処分業者や排出事業者の区別なく、責任や罰則が適用される**（同法第16条、第25条第1項第十四号）。

3〇 ポリ塩化ビフェニルを含む安定器は、「金属くずのうち、ポリ塩化ビフェニルが付着し、又は封入されたもの」に該当し、**特別管理産業廃棄物**として処理しなければならない（同法施行令第2条の4第五号ロ（6））。

4〇 産業廃棄物とは、事業活動に伴って生じた廃棄物のうち、政令で定める廃棄物、と規定されている。また、建設業に係るものについては、**工作物の新築、改築又は除去に伴って生じたものに限る**と定められている（同法施行令第2条第一号、二号、三号）。従って、**工事現場から排出される紙くず、繊維くず等は産業廃棄物**である。

No. 49	施工管理法（工程表）	正答	2,4

1〇 ガントチャート工程表は、**現時点における各作業の進捗状況が容易に把握できる**。ガントチャート工程表は、縦に各作業名、横軸に各作業の完了時点を100％として達成度をとり、現在の進行状況を棒グラフで表現したものである。（右段の表参照）

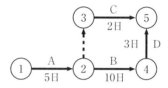

作業名	達成度（%）				
	20	40	60	80	100
準備作業					
配管工事					
機器据付け					
試運転調整					
後片付け					

〔ガントチャート工程表による表示〕

2× **工程が複雑な工事**ではネットワーク工程表が用いられている。

〔ネットワーク工程表の表示〕

バーチャート工程表は、縦に各作業名、横に月日などの工期をとり、**各作業の実施予定を棒グラフで示したものである**（選択肢3の解説図参照）。

3〇 バーチャート工程表は、**ガントチャート工程表に比べ、作業間の作業順序が分かりやすい**。ガントチャート工程表については、選択肢1の解説参照。

作業名	9月			10月		
	10日	20日	30日	10日	20日	30日
準備作業						
配管工事						
機器据付け						
試運転調整						
後片付け						

〔バーチャート工程表による表示〕

4× ネットワーク工程表は、ガント

チャート工程表に比べ、各作業の**前後関係が把握しやすく、工事途中での計画変更に対処しやすい。**ネットワーク工程表は、丸（イベント番号）と矢線（アロー）などの記号を使用し、各作業の順序関係を表し、丸および矢線には、作業名、作業量、所要時間など工程管理上必要な情報を書き込み管理する工程表である。

No.50	施工管理法（機器の据付け）	正答	3,4

1 ○　小型温水ボイラーをボイラー室内に設置する場合、**ボイラー側面からボイラー室の壁面までの距離**は、原則として**450mm以上**とする（ボイラー及び圧力容器安全規則第20条第2項）。

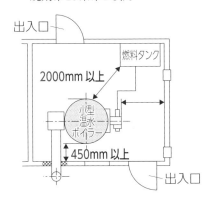

〔小型温水ボイラーの設置例〕

2 ○　送風機やポンプのコンクリート基礎をあと施工する場合、当該コンクリート基礎は、ダボ鉄筋等で**床スラブと一体化**する。

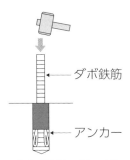

〔ダボ鉄筋の施工例〕

3 ×　ボイラー室内の燃料タンクに液体燃料を貯蔵する場合は、当該燃料タンクからボイラー側面までの距離は、**原則2.0m（2,000mm）以上**とする（ボイラー及び圧力容器安全規則第21条第2項）（**選択肢1の図参照**）。

4 ×　飲料用給水タンク（受水槽等）の直上に天井スラブの梁がある場合は、当該**タンク上面から梁下面までの距離は、450mm以上を標準**とする（給排水設備基準より）。受水槽周りの保守点検スペースを下図に示す。

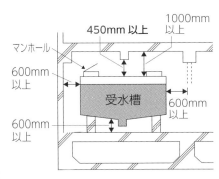

〔受水槽周りの保守点検スペース〕

令和4年度（前期）解説

No. 51	施工管理法（配管及び配管附属品の施工）	正答	**1,2**

1 × 排水口空間は間接排水管の管径によるが、飲料用タンクの間接排水管の排水口空間は、下表にかかわらず最小150mmとする。

間接排水管の管径 D〔mm〕	排水口空間（最小）〔mm〕
25以下	50
30〜50	100
65以上	150

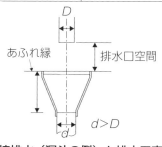

〔間接排水（漏斗の例）と排水口空間〕

2 × 温水配管の熱収縮を吸収するには、伸縮管継手が用いられる（下図）。**フレキシブルジョイント**は、軸に対して**直角方向のたわみなど**を**吸収**するために用いられる（建物のエキスパンションジョイントを通過する配管、屋外配管の建物導入部分など）。

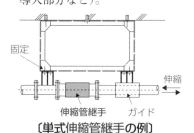

〔単式伸縮管継手の例〕

〔複式伸縮管継手の例〕

3 ○ 給水栓には、クロスコネクションが起きないように吐水口空間を設ける。なお、**吐水口空間**とは、給水栓の吐水端から水受容器の越流面（あふれ縁）までの**垂直距離**をいう。

4 ○ 鋼管のねじ接合においては、余ねじ部やパイプレンチ跡には、**錆止めペイントを塗布**する。

No. 52	施工管理法（ダクト及びダクト附属品の施工）	正答	**1,3**

1 × 送風機とダクトの接続には、たわみ継手（キャンバス継手）が用いられる。フレキシブルダクトは、シーリングディフューザー形及びパン形の場合のダクトの接合等に用いられる。

2 ○ 亜鉛鉄板製のスパイラルダクトは、**甲はぜ**により製作されて強度が保たれているので、一般的に、**補強は不要**である。

3 × 消音エルボや消音チャンバーの消音内貼材には、一般に、グラスウール保温材が使用されている。

4 ○ 共板フランジ工法ダクトのフランジの板厚は、ダクトの板厚と同じとする。

No. 1	環境工学 （湿り空気）	正答	**1**

1 × 湿り空気を加熱しても、その**絶対湿度は一定のままで変化せず、相対湿度が低下する。**

2 ○ 飽和湿り空気は、乾き空気の中に水蒸気が限界まで入りこんだ状態で**相対湿度100%**をいう。このとき**湿球温度は乾球温度と同じ**になるが、**不飽和湿り空気の湿球温度は、その乾球温度より低くなる。**

3 ○ 露点温度とは、その空気と同じ絶対湿度をもつ飽和湿り空気の温度のことで、露点温度以下になると**結露が発生する。**

4 ○ 相対湿度〔%〕とは、ある湿り空気の水蒸気分圧〔Pa〕とその温度と同じ温度の飽和湿り空気の水蒸気分圧〔Pa〕との比のことで、次式で求める。

$$相対湿度〔%〕＝\frac{ある湿り空気の水蒸気分圧〔Pa〕}{飽和水蒸気分圧〔Pa〕}×100$$

No. 2	環境工学 （水の性質）	正答	**4**

1 ○ 大気圧において、1kgの水の温度を1℃上昇させるために必要な熱量は、約4.2kJである。これを**水の比熱**といい、温度によって異なるが約4.2kJ／（kg・K）とし

ている。例えば、20℃の水100kg（100ℓ）を50℃まで加熱するために必要な熱量は、

$100〔kg〕×4.2〔kJ／(kg・K)〕×$
$(50－20)〔K〕＝12,600〔kJ〕$

となる。

2 ○ 水の密度は約**4℃**が最大（1,000kg/m³）で、温度上昇とともに**減少**（容積は増大）する。また、4℃以下での密度は徐々に**減少**（容積は増大）する。0℃の水が氷になると、その**容積は約10%増加**する。

3 ○ **硬水**とは、カルシウム塩、マグネシウム塩を多く含む水のことである。水の中に含まれる**カルシウム及びマグネシウムイオンの量を水の硬度**という。

4 × 大気圧において、**空気の水に対する溶解度**とは、水に溶解する気体の体積と水の体積の比のことで、**温度上昇とともに減少する。**

No. 3	流体工学 （流体に関する事項）	正答	**2**

1 ○ 液体は、気体に比べて**圧縮しにくい。**一般に、気体（空気など）は**圧縮性流体**、液体（水など）は**非圧縮性流体**として取り扱っている。

2 × 大気圧において、**水の粘性係数**

は空気の粘性係数より大きい。また、粘性係数は、**温度が上昇する**と、**水では小さくなり、空気では大きくなる。**

3○ **レイノルズ数**は、管路を流れる流体が**層流か乱流かを判定**するのに用いられる。**レイノルズ数が大きくなると層流から乱流に変化する。**レイノルズ数Reは、流速だけでなく管径や流体の粘性などで決まり、次式で求められる。

$$Re = \frac{v \cdot d}{v} \quad 〔無次元数〕$$

（v：管内平均流速、d：管径、v：動粘性係数）

4○ 流水管路において、**弁を急閉し**たときなど、水の運動（速度）エネルギーが圧力エネルギーに変わり、管内に急激な圧力上昇が生ずる。この現象を**ウォーターハンマー**といい、管内の**流速が速い場合に発生**しやすく、配管や付属品などに損傷を与えることがある。

No. 4	熱工学 （熱に関する事項）	正答	**3**

1○ ボイル・シャルルの法則より、気体の体積V〔m³〕、圧力P〔Pa〕、絶対温度T〔K〕とすると

$$\frac{P \cdot V}{T} = 一定 \text{が成立する。}$$

したがって、**体積を一定にして気体の温度を低くすると圧力も低くなる。**

2○ 気体では、**定容比熱より定圧比**

熱のほうが大きい。**定容比熱**は、気体の体積を一定にしたときの比熱で、**定圧比熱**は、気体の圧力を一定にしたときの比熱である。一般に、比熱というと**定圧比熱**のことをいう。

3× **潜熱**とは、**物質の相変化**（凝固・融解、蒸発・凝縮、昇華）**に費やされる熱**をいう。**温度変化のみに費やされる熱**は**顕熱**という。

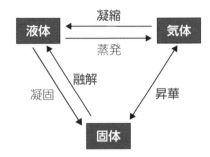

〔物質の相変化〕

4○ 熱は、低温の物体から高温の物体へ自然に移ることはない。これは、**熱力学の第二法則**（**クラウジウスの原理**）である。

No. 5	電気設備 （保護装置等の目的）	正答	**4**

1○ **漏電遮断器**は、**地絡保護・感電防止**のために設ける。地絡とは、電気回路が地面に接触し、大地に電流が流れる現象で、いわゆる漏電のことである。

2○ **配線用遮断器**は、**短絡保護・過電流保護**のために設ける。短絡（ショート）とは、電気回路にお

98

いて電位差がある2点間が、抵抗が小さい導体で接続されることで、大きな電流が流れる。

3○ **接地工事**は、感電防止のために設ける。電線を収める金属管・金属製ボックス、電気機器の外箱・架台などに施設される。

4× **サーマルリレー**は、**電動機の過電流保護**のために設けるので、力率改善と関係はない。**力率改善**は、交流回路のコイル（巻き線）のインダクタンスによる**電圧に対しての電流の遅れを無くすこと**をいう。一般に、回路の力率改善には進相コンデンサが用いられている。

| No. 6 | 鉄筋コンクリートの特性 | 正答 | 4 |

1○ コンクリートと鉄筋の線膨張係数が、**常温でほぼ等しい**のでよく付着する。

2○ 異形棒鋼は、丸鋼と比べてふしやリブ（凹凸）があるのでコンクリートとの**付着力が大きい**。

3○ コンクリートは**アルカリ性**のため、コンクリート中の**鉄筋はさびにくい**。

4× 鉄筋コンクリート造は、柱や梁を剛接合とし、ラーメン構造のため**剛性が高く振動による影響を受けにくい**。

| No. 7 | 空気調和（変風量単一ダクト方式） | 正答 | 1 |

1× **変風量単一ダクト方式**は、各室に設置されたサーモスタット（温度調節器）からの信号を**VAV（変風量）ユニット**が受信して風量を制御し、各室の負荷変動に対応する。

2○ **送風量の制御**は、一般的に、VAVユニットからの信号又は主ダクト内に設けられた静圧を感知し、**インバーター**により空気調和機の送風機を回転数制御する。

3○ **定風量単一ダクト方式**は、常時、一定風量を送風するが、**変風量単一ダクト方式**は、室内の負荷変動に応じて吹出し風量を変化させるので、**間仕切り変更や負荷の変動**にも容易に対応しやすい。

4○ **全閉機能付きVAVユニット**を用いると、使用しない室や使用しない時間帯に**送風を停止**できる。

| No. 8 | 空気調和（冷房時の湿り空気線図上の変化） | 正答 | 3 |

次ページの図に示す冷房時の湿り空気線図と空気調和システム図中の位置の関係は、**a点は①外気**、**b点は④室内（居室）の空気**、**c点は①外気と④室内（居室）の空気の混合空気**、**d点は③冷却コイル出口の空気**の状態点となる。したがって、**d点は③**となり**3**が正しい。

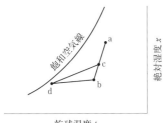

冷房時の湿り空気線図

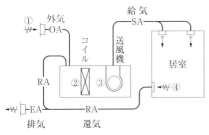

空気調和システム図

No. 9	空気調和 （熱負荷）	正答	**1**

1 × 構造体に**空気層（中空層）**があると**熱抵抗**となるため、**熱通過率は小さく**なり、構造体からの熱負荷は**小さく**なる。なお、空気層の熱抵抗は、構造（非密閉中空層、半密閉中空層、密閉中空層）や中空層の厚さによって異なる。

2 ○ 内壁の単位面積当たりの熱負荷 q〔W/m^2〕は、**内壁の熱通過率 K**〔W/（m^2・K）〕、室内外温度差 Δt〔K〕とすると、$q = K \cdot \Delta t$ で求めることができる。

3 ○ **冷房負荷計算**では、室内からの発熱負荷として、**人体**からの発熱（顕熱と潜熱）負荷、**事務機器**からの発熱（顕熱）負荷、**照明器具**

からの発熱（顕熱）負荷等を**考慮**する。

4 ○ **暖房負荷計算**では、一般的に、**外壁、屋根、ピロティの熱負荷には方位係数を乗じて求める。**方位係数には、一般に、北面・屋根1.2、東西面1.1、南面1.0を用いている。

No. 10	空気調和 （空気清浄装置）	正答	**3**

1 ○ ろ過式には、粗じん用（プレフィルター）、中性能、高性能（HEPAフィルター）等、様々な種類がある。目的に応じて選定する。

2 ○ ろ過式の構造には、**自動更新型、ユニット交換型**等があり、自動更新型は、タイマー又は前後の差圧スイッチにより自動的に巻取りが行われる。

3 × ろ過式のろ材に要求される性能には、**粉じん保持容量が大きい、空気抵抗が小さい、吸湿性が小さい、腐食およびカビの発生が少ない、難燃性又は不燃性である**ことなどがあげられる。

4 ○ 静電式は、高電圧を使って**粉じんを帯電させて除去する**もので、比較的微細な粉じん用として用いられている。

No. 11	冷暖房 （膨張タンク）	正答	**2**

1 ○ 膨張タンクは、水温上昇による水の膨張に対して装置各部に障害となるような圧力を生じさせない

ためや、**装置内の圧力を常に正圧に保ち、装置内への空気の侵入を防ぐために設けられる**。膨張タンクには**開放式**と**密閉式**がある。**開放式膨張タンク容量**は、**装置全水量の膨張量**から求める。

2 × 開放式膨張タンクに**ボイラーの逃し管や膨張管を接続**する場合、**メンテナンス用バルブ等を設けてはならない**。誤ってバルブを閉状態のままで運転した場合、**装置内が高圧となる**ためである。

3 ○ 密閉式膨張タンクは、一般的に、**ダイヤフラム式やブラダー式**が用いられる（下図）。

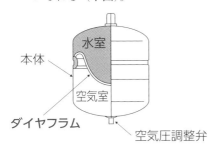

本体
水室
空気室
ダイヤフラム
空気圧調整弁

〔密閉式膨張タンク（ダイヤフラム式）〕

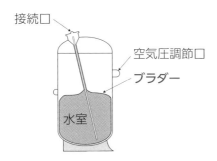

接続口
空気圧調節口
ブラダー
水室

〔密閉式膨張タンク（ブラダー式）〕

4 ○ 密閉式膨張タンク内の最低圧力は、装置内が**大気圧以下とならないように設定**しなければならない。装置内が大気圧以下になると、運転前からタンク内に水が入り、膨張タンクの性能が十分に発揮できなくなる。

No. 12	冷暖房（パッケージ形空気調和機）	正答	**3**

1 ○ ガスエンジンヒートポンプや油エンジンヒートポンプは、**エンジンの排熱が利用**できるため、**暖房能力が大きくでき、デフロスト運転が不要**となる。**寒冷地**に適する。

2 ○ **インバーター制御**は、電圧と周波数を自在に変化させ、**速度（回転数）を連続的に制御**するものである。インバーターは、交流を直流に変換するためにコンバーター回路（整流回路）が内蔵されており、一方向にのみ電流を流す半導体の動作によって直流電圧をつくる。このときに高調波（商用電源の周波数は50Hz又は60Hzだが、一般に、その40倍程度までを高調波と呼んでいる）が発生する。**高調波が発生**すると、電源の電圧波形を歪ませ、力率改善用コンデンサやトランスの焼損、蛍光灯のちらつき等の障害が生ずる場合がある。**高調波対策**には、交流（AC）リアクトルや直流（DC）リアクトルの使用、高力率（PWM）コンバー

ターの使用などがある。

3 × 冷暖房能力は、外気温度、冷媒管長、屋外機と屋内機の設置高低差等により変化し、冷媒配管長さや高低差が大きいほど能力は低下する。**冷媒配管の高低差、冷媒配管の長さは制限されている。**

4 ○ 省エネルギー性能の評価指標には、APF（通年エネルギー消費効率）がある。APFは、パッケージエアコンが1年で使用するエネルギーを期間消費電力量で割って算出される。APFが高いほど、エネルギーの消費効率が高い。

No. 13	換気・排煙 （換気設備）	正答	**2**

1 ○ 換気回数とは、**室内空気を何回入れ替えたかを示す**もので、**換気量を室容積で除して求める**ことができる。

2 × 必要換気量とは、室内の汚染質濃度を許容値以下に保つために換気する空気量をいう。**換気とは、室内空気と新鮮空気（外気）を入れ替える**ことである。

3 ○ 自然換気には、**風力換気と温度差（重力）換気**によるものがある。風力換気による換気量は、開口部の面積と風速に比例し、換気量は、室内外の圧力差の平方根に比例する。また、温度差換気による換気量は、給排気口の高さの差の平方根と、内外の温度差の平方根に比

例する。

4 ○ シックハウス（シックハウス症候群）は、建材等から発生する化学物質（揮発性有機化合物）などによる室内空気汚染等による健康影響のことである。シックハウスを防ぐには、建材や家具などから**の揮発性有機化合物の発散量を抑える**ことや、**確実な換気を行う**ことなどがある。その他にもカビ・ダニ対策を講じることも必要である。なお、**TVOC（総揮発性有機化合物の濃度）**とは、ヘキサンからヘキサデカンまでの全てのVOC（揮発性有機化合物）の合計値をトルエン換算して求めたものである。

No. 14	換気・排煙 （換気設備）	正答	**4**

第三種機械換気方式は、**自然給気と排気ファンで行う**換気方式で、**室圧は負圧**となるため、換気する室内の空気を隣室に拡散させたくない場合に採用される。

1 ○ シャワー室は、**第三種機械換気方式**である。

2 ○ 書庫・倉庫は、**第三種機械換気方式**である。

3 ○ エレベーター機械室は、**第三種機械換気方式**である。

4 × ボイラー室の換気は、燃焼空気の供給のため、**第二種機械換気又は第一種機械換気**で行い、**室圧を**

正圧とする。

No. 15	上水道の取水施設から配水施設に至るまでのフロー	正答	**1**

上水道の取水施設から配水施設に至るまでのフローは、1の取水施設→導水施設→浄水施設→送水施設→配水施設となる。

各施設の内容

取水施設	河川、湖沼、又は地下水源から水を取り入れ、粗いごみなどを取り除いて導水施設へ送り込む施設
導水施設	原水を取水施設（取水池）より浄水施設（浄水場）まで送る施設
浄水施設	原水の質および量に応じて、水道基準に適合させるために必要な沈殿池、ろ過池、消毒設備がある施設
送水施設	浄水場から配水施設（配水池）まで浄水を送る施設
配水施設	浄水を配水池から給水区域（公道下）の配水管まで供給し、需要者に所要の水量を配水するための施設

No. 16	下水道	正答	**1**

1 × 公共下水道と敷地内排水系統の排水方式において、分流式と合流式の**定義は別である**。**公共下水道の合流式**は、汚水＋雨水を同一の管路で排除する。**分流式は、汚水と雨水を別々の管路で排除する。敷地内排水系統の合流式は、汚水＋雑排水を同一の管路で排除し、雨水は別に排除する。分流式は、汚水、雑排水、雨水を分けて排除する**（下表参照）。

2 ○ 管きょの接合方法には、水面接合、管頂接合、管中心接合及び管底接合がある。管きょの径が変化する場合の接合方法は、**原則として水面接合又は管頂接合とする**。

3 ○ 公共下水道の設置、改築、修繕、維持その他の管理は、**市町村が行う**（下水道法第3条第1項）。公共下水道とは、主として市街地における下水を排除し又は処理するために、地方公共団体が管理する下水道で、**終末処理場を有するもの**又は流域下水道に接続するものであり、かつ、汚水を排除すべき排水施設の相当部分が暗渠である構造のものをいう（下水道法第2条第三号イ）。

4 ○ 取付管は、本管の**中心線から上方に取り付ける**（次ページの図参照）。

令和3年度（後期）解説

〔NO.16 排水系統と排水方式〕

方式	建築物内排水系統	敷地内排水系統	下水道
合流式	汚水＋雑排水	汚水＋雑排水	汚水（雑排水含む）＋雨水
		雨水	
分流式	汚水	汚水	汚水（雑排水含む）
		雑排水	
	雑排水	雨水	雨水

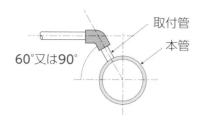

60°又は90°

取付管

本管

また、取付管の最小管径は、150mmを標準とする。

1 ○ 　水道直結直圧方式を採用する場合は、**夏季等**の最大需要時の給水圧の確保が可能であるかを確認し、**水圧が低くなる時期の本管水圧で決定**する。

2 ○ 　飲料用給水タンクは、保守点検及び清掃を考慮し、容量に応じて**2槽分割**（迂回壁：間仕切り壁）等にバルブ付きバイパス配管を設けておく。

3 ○ 　飲料用給水タンクの上部には、原則として、**飲料水以外の配管等を設けてはならない**。なお、昭和50年建設省告示第1597号に「給水タンク等の上にポンプ、ボイラー、空気調和機等の機器を設ける場合においては、飲料水を汚染することのないように衛生上必要な措置を構ずること。」と定められている。

4 × 　飲料用給水タンクのオーバーフロー管には、**トラップを設けてはならない**。**オーバーフロー管の末**端には、虫の侵入を防止するため**防虫網を設け**、**150mm以上の排水口空間を設け間接排水とする**。なお、間接排水とする水受け容器には、**トラップを設ける**。

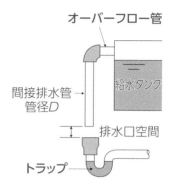

オーバーフロー管

給水タンク

間接排水管
管径D

排水口空間

トラップ

間接排水管の管径 D〔mm〕	排水口空間（最小）〔mm〕
25以下	50
30～50	100
65以上	150

1 ○ 　潜熱回収型給湯器は、燃焼排ガス中の**水蒸気が水に戻る（凝縮）際に出る熱を回収する**ことで、**熱効率を大幅に向上させた給湯器**である。

2 ○ 　先止め式ガス瞬間湯沸器は、湯沸器の出口側（給湯先）の湯栓の操作により給湯するものであり、その能力は、それに**接続する器具の必要給湯量を基準として算定**する。

3 ○ 　Q機能付き給湯器は、**出湯温度**

をすばやく設定温度にする構造のもので、**冷水サンドイッチ現象に対応する給湯器**である。

4 × シャワーに用いるガス瞬間湯沸器は、湯沸器の湯栓で出湯を操作する**先止め式**（選択肢2参照）とする。

| No. 19 衛生器具 | 正答 | **1** |

1の**掃除流し**は、**65mm**である。

衛生器具のトラップ口径の例

器具	接続口径〔mm〕
大便器	75
小便器（小型）	40
小便器（大型）	50
洗面器	30
手洗い器	25
汚物流し	75
掃除流し	65
浴槽（洋風）	40

| No. 20 排水・通気設備 | 正答 | **4** |

1 ○ 通気管は、管内の**水滴が自然流下によって排水管に流れるように勾配をとり**、決して逆勾配にはなってはならない。

2 ○ **通気管を設ける主な目的**は、①排水管内の流れをスムーズにする②**トラップが破封しないようにする** ③排水管内に空気を流し清潔にする、ことである。

3 ○ 排水槽に設ける通気管は**単独通気管**とし、最小管径は、**50mm**とする。

4 × 通気方式には、伸頂通気方式、各個通気方式、ループ通気方式等がある。その中で**自己サイホン作用の防止が有効**なのは、**各個通気方式**である。

各個通気方式は、各器具トラップごとに**通気管を設け**、それらを**通気横枝管に接続**して、その横枝管の末端を**通気立て管又は伸頂通気管に接続**する方式である。

| No. 21 屋内消火栓ポンプ回りの配管 | 正答 | **2** |

1 ○ 吸水管には、ろ過装置及び逆流防止弁（フート弁に附属するものを含む。）を設ける。

2 × 水源の水位がポンプより高い位置にある場合、**吸水管には逆止め弁を設けなくてよい**。図−1のようにポンプより高い水源の場合は、呼水槽がなくてもポンプ（Ⓟ）内に常に水が入っているので、火災が発生したらすぐに放水される。図−2のようにポンプより低い場合は、**呼水槽とフート弁**（逆流防止と、ろ過装置の役目）を取り付ける。

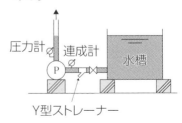

図−1　ポンプより高い水源の場合

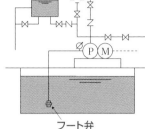

水温上昇防止逃し配管

呼水槽

オリフィス

P M

フート弁

図－2　ポンプより低い水源の場合

3○ 吸水管は、**ポンプごとに専用**とする。

4○ 締切運転時（ポンプが回っている状態時にバルブが締まっている。）にポンプのモーターが焼けると困るので**水温上昇防止**のために、放水量の2～3%を**逃がす**ための**配管**を設ける。

No.22	ガス設備	正答	**2**

1○ 都市ガスの引込で**本支管分岐個所**から**敷地境界線**までを供給設備といい、その導管を**供給管**という。

2× 液化天然ガス（LNG）は、**メタン（CH_4）**を主成分とする天然ガスを冷却して液化したものであり、**一酸化炭素が含まれていない。**

3○ 液化石油ガス（LPG）の一般家庭向け供給方式には、**戸別供給方式**と**集団供給方式**（小規模集団供給方式、中規模集団供給方式）がある。その他、業務用供給方式や

民生用**バルク**（大容量のガス容器）**供給方式**がある。

4○ 液化石油ガス（LPG）の充填容器の設置において、容器が常に**40℃以下に保たれる措置**を講じる。

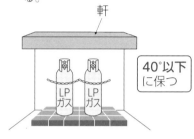

軒

40°以下に保つ

〔ボンベの設置位置〕

No.23	分離接触ばっ気方式の処理フロー	正答	**3**

　小規模合併処理浄化槽には、主として好気性微生物を利用した**分離接触ばっ気方式**と嫌気性・好気性微生物を併用した**嫌気ろ床接触ばっ気方式**のほか、生活排水中の窒素を高度に処理できる**脱窒ろ床接触ばっ気方式**の三方式がある。設問の**分離接触ばっ気方式**（処理対象人員30人以下）の場合のフローは、次のようになる。

・**分離接触ばっ気方式**

流入 ➡ 沈殿分離槽 ➡ 接触ばっ気槽

➡ 沈殿槽 ➡ 消毒槽 ➡ 放流

よって、3が正答。

　このように、**分離接触ばっ気方式**は、名前のとおり、**分離⇒接触ばっ気**の順

になる。その他の方式のフローも名前のとおりである。

・嫌気ろ床接触ばっ気方式

流入 ➡ 嫌気ろ床槽 ➡ 接触ばっ気槽
➡ 沈殿槽 ➡ 消毒槽 ➡ 放流

・脱窒ろ床接触ばっ気方式

流入 ➡ 脱窒ろ床槽 ➡ 接触ばっ気槽
➡ 沈殿槽 ➡ 消毒槽 ➡ 放流

No. 24 空気調和機 正答 4

1○ ユニット形空気調和機は、冷却、加熱の熱源装置を持たず、機械室等から冷凍機及びボイラー等より**冷温水等を供給し、この空気調和機で空気を処理し冷風・温風を各室に送風する機器**である。

2○ ファンコイルユニットは、冷温水コイル、送風機、エアフィルタ、ドレーンパン、ケーシングから構成され、ユニット形空気調和機と同じように熱源機器より冷水・温水がファンコイルユニットに送られ、**室内空気を冷却除湿又は加熱する機器**である。

3○ パッケージ形空気調和機は、屋外機と室内機を冷媒配管で接続したセパレート形の空調機で、圧縮機、凝縮器、空気熱交換器、送風機、エアフィルタ等、及びケーシングで構成され、室内機で冷風・温風を送風する機器である。**凝縮器には、空気熱源のものと水熱源のものがある。**

4× 気化式加湿器は、加湿器本体の加湿エレメントに、均等に水を流し通過する空気と接触させて**空気の持つ顕熱により水を気化させて加湿する機器**である。

No. 25 送風機及びポンプ 正答 4

1○ 送風機には、遠心送風機、軸流送風機、斜流送風機、横流送風機、その他天井扇、換気扇などがある。**斜流送風機は、ケーシングが軸流式の形状のものと、遠心式の形状のものがある。**

2○ 遠心送風機には、多翼送風機、後向き羽根送風機、ラジアル送風機があり、そのうち、**多翼送風機は、羽根車の出口の羽根形状が回転方向に対して前に湾曲している。**

3○ 水中モーターポンプには、汚水用水中モーターポンプ（ポンプ口径40mm以上）、雑排水用水中モーターポンプ（ポンプ口径50mm以上）、汚物用水中モーターポンプ（ポンプ口径80mm以上）があり、**耐水構造の電動機を水中に潜没させて使用できるポンプ**である。

4× 給水ポンプユニットには、ポンプ吐出側の圧力を検知し**水量の増減に関係なく圧力が一定になるよ**

うに制御する吐出圧力一定方式と、流量と推定末端圧力損失と圧力の設定値を決め、末端の圧力が一定になる末端圧力一定方式がある。

1○ ボールタップは、比較的小さなタンク（ハイタンク、ロータンク、受水タンク等）の給水を自動的に閉止するための水栓であり、**水位を一定に保つ**ために用いる。

2○ 架橋ポリエチレン管（JIS K 6769）は、構造により**単層管**（M種：メカニカル式継手で接合する管）と**二層管**（E種：融着式継手で接合する管）**に分類**される。

3× スイング逆止め弁を垂直配管に取り付ける場合は、**上向きの流れ**とする。なお、**取り付け姿勢は、水平方向は正立（直立）、垂直方向は上向きの流れ**とする。

右に動く

〔スイング式逆止め弁〕

4○ 配管用炭素鋼鋼管（JIS G 3452：SGP）には黒管と白管があり、白管は、黒管に溶融亜鉛めっきを施したものである。

1× ステンレス鋼板製ダクトは、湿度の高い室の厨房用フードやダクト及び塩害対策としての**排気ダクト**等に用いられる。

2○ 硬質塩化ビニル板製ダクトは、耐食性に優れているため、**腐食性ガス等を含む排気ダクト**に用いられる。

3○ グラスウール製ダクト（断熱材のグラスウールの外側をアルミニウムクラフト紙で被覆したもの）は、**吹出口及び吸込口のボックス**等に用いられる。

4○ フランジ用ガスケット（パッキン）の材質は、**繊維系、ゴム系、樹脂系**があり、飛散しない耐久性があるものを使用する。

設計図書間に相違があった場合には、優先順位を次のようにする。①質問回答書　②現場説明書　③特記仕様書　④図面　⑤標準仕様書（共通仕様書）（公共建築工事標準仕様書（建築工事編）1.1.1）。よって、**3が誤り**である。**標準仕様書の優先順位は一番下**である。

1× 工事安全衛生日誌等の安全関係書類の控えは、契約事項に特記されていなければ、工事完成時に監

督員への**提出は不要**である。

2 ○ **官公署に提出した届出書類の控**えや**検査証の提出は必要**である。

3 ○ 空気調和機等の**機器の取扱説明書の提出は必要**である（公共建築工事標準仕様書（建築工事編）1.7.3）。

4 ○ 風量、温湿度等を測定した**試運転調整の記録**の提出は**必要**である。

そのほかに、完成図、工事記録写真、施工中の水圧等の検査記録、引渡し書、機器メーカーの連絡先、機器の保証書、事故や故障時の緊急連絡先、予備品、工具等の提出が必要となる。

No. 30	工程管理（ネットワーク工程表）	正答	**4**

クリティカルパスとは、すべての経路（ルート）のうちで**最も長い日数を要する経路**のことをいう。各ルートの作業日数について①の開始イベントから⑦の最終イベントに至るまでの各ルー

トの日数を集計すると、次のようになる。

(a) ①→②→④→⑥→⑦（A＋D＋E＋G）…4＋3＋2＋5＝14日

(b) ①→②→③→⑤→⑦（A＋C＋F＋H）…4＋1＋5＋4＝14日

(c) ①→②→③→⑤⋯⑥→⑦（A＋C＋F＋G）…4＋1＋5＋5＝**15日**

(d) ①→③→⑤→⑦（B＋F＋H）…5＋5＋4＝14日

(e) ①→③→⑤⋯⑥→⑦（B＋F＋G）…5＋5＋5＝**15日**

したがって、クリティカルパスは (c) と (e) の**2本**で（下表参照）、**所要日数は15日**となる。よって**4**が正しい。

No. 31	品質管理（試験又は検査）	正答	**2**

1 ○ 高置タンク以降の給水配管の水圧試験は、**静水頭に相当する圧力の2倍の圧力**とし、**0.75MPa未満**の場合は、**0.75MPaの圧力**で試験を行う。

〔No.30のネットワーク工程表〕

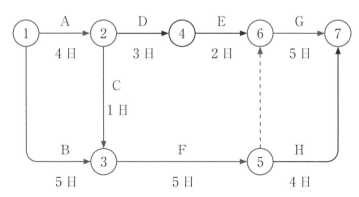

2 × 給水管（ここでは水道用硬質塩化ビニルライニング鋼管）、配電管その他の管が、**準耐火構造の防火区画を貫通**する場合は、貫通部分の隙間をモルタルその他の不燃材料で埋めなければならない（建築基準法施行令第112条第20項）。

3 ○ 洗面器の取り付けにおいては、**がたつきがないこと**、附属の給排水金具等から**漏水がないこと**、**適切な水圧である**こと、器具上端の水平と器具の高さが適切であることを確認する。

4 ○ 排水用水中モーターポンプの発停は、一般に、排水槽に**レベルスイッチ（フロートスイッチ）**を設けて行われる。試験において、レベルスイッチからの信号による発停を確認する。

No. 32	安全管理（建設工事における安全管理）	正答	**1**

1 × 事業者は、足場（一側足場を除く）における**高さ2m以上の作業場所**には、**作業床を設けなければならない**。作業床（つり足場の場合を除く）の幅は**40cm以上とする**（労働安全衛生規則第563条第1項及び同項第二号イ）。

2 ○ 事業者は、足場（一側足場を除く）における**高さ2m以上の作業場所**には、**作業床を設けなければならない**。作業床（つり足場の場合を除く）の床材間の隙間は3cm以下とする（同規則第563条第1項及び同項第二号ロ）。

3 ○ 脚と水平面との角度を**75°以下**とする（同規則第528条第三号）。

4 ○ 折りたたみ式の脚立は、**脚と水平面との角度を確実に保つための金具等を備える**（同規則第528条第三号）。

No. 33	工事施工（機器の据付け）	正答	**3**

1 ○ 排水用水中モーターポンプは、ピットの壁から**200mm程度**離して設置する。

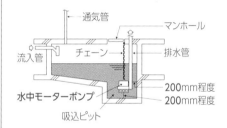

〔排水槽と排水ポンプの設置例〕

2 ○ 吸収冷温水機は、**機内が真空状態に保たれている**ことが不可欠なので、**工場集荷時の気密が確保されている**ことを確認する。

3 × 大型のボイラーの基礎は、**鉄筋コンクリート基礎**とする。基礎コンクリートを打設する前に、躯体（スラブ）の鉄筋と基礎の鉄筋を溶接し緊結しておく。

4 ○ 高層階になるほど地震における揺れ動きが大きくなるため、**防振装置付きの機器や地震力が大きく

なる**重量機器**は、可能な限り**低層階**に設置する。

| No. 34 | 工事施工（配管の施工） | 正答 | 1 |

1 × **汚水槽の通気管**は、その他の排水系統の**通気立て管**を介せず、単独で**大気に開放**する。

2 ○ 給水管の分岐は、クロス形の継手は避け、チーズによる枝分かれ分岐とする。

〔分岐継手（クロス）〕

〔分岐継手（チーズ）〕

3 ○ 飲料用の受水タンクのオーバーフロー管は、**排水口空間**を設け、**間接排水**とする。

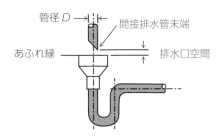

〔間接排水の構造〕

間接排水管の管径 D〔mm〕	排水口空間（最小）〔mm〕
25以下	50
30～50	100
65以上	150

4 ○ 給水横走り管から上方へ給水する場合、空気抜きが行えるよう配管の上部から枝管を取り出す。

| No. 35 | 工事施工（ダクト及びダクト附属品の施工） | 正答 | 2 |

1 ○ 送風機とダクトを接続する**たわみ継手**の両端のフランジ間隔は、**150mm以上**とする。

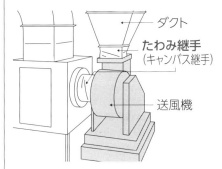

〔たわみ継手〕

2 × 横走りダクトの許容最大吊り間隔は、**共板フランジ工法ダクト**の場合は2,000mm以下、**アングルフランジ工法ダクト**の場合は、3,640mm以下と規定されている（公共建築工事標準仕様書（機械設備工事編）第3編2.2.2）。したがって、横走りダクトの**許容最大吊り間隔**は、**共板フランジ工法ダクト**のほうが**アングルフランジ工法ダクト**より短い。

3 ○ 正確な風量を調整するためには、**風量調整ダンパーは、原則として、気流の整流されたところに設置する。**

4 ○ 長方形ダクトのかどの継目（はぜ）は、ダクトの強度を保つために、一般的に、原則**2箇所以上を標準としている。**

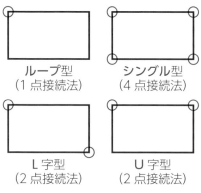

ループ型　　　　シングル型
（1点接続法）　（4点接続法）

L字型　　　　　U字型
（2点接続法）　（2点接続法）

〔長方形ダクトの継目（はぜ）の位置〕

No. 36	その他（塗装に関する事項）	正答	3

1 ○ 塗装場所の気温が**5℃以下**、湿度**85%以上**のときや、**換気が不十分で乾燥しにくい場所での塗装は行わない。**

2 ○ 塗装の工程間隔時間は、**材料の種類、気象条件等**に応じて適切に定める。

3 × **塗料の調合は、原則として、製造所で調合された塗料を使用する。**

4 ○ 下塗り塗料としては、一般的に、**さび止めペイント**が使用される。下塗りにさび止めペイント使用し、中塗り、上塗りには調合ペイントやアルミニウムペイントを使用する。

No. 37	その他（試運転調整）	正答	1

1 × 高置タンク方式の給水設備における**残留塩素の測定は、高置タンクから最も遠い末端水栓で行い、**残留塩素が0.2mg/L以上となっているか確認する必要がある。

2 ○ 屋外騒音の測定については、冷却塔等の騒音発生源となる機器を運転し、**敷地境界線上**で行う。

3 ○ マルチパッケージ形空気調和機の試運転では、運転前に、屋外機と屋内機の間の**冷媒管について気密試験**を行うとともに、電気配線の接続について確認する。

4 ○ 多翼送風機の試運転では、軸受け温度を測定し、周囲の空気との温度差を確認する。原則として**軸受け温度は、周囲の空気の温度より40℃以上高くなってはならない。**

No. 38	その他（測定機器）	正答	2

1 ○ **ダクト内風量**の測定には、**熱線風速計**等が用いられる。

2 × **ダクト内圧力**の測定には、**ピトー管**等が用いられる。**直読式検知管**は室内空気の二酸化炭素などのガスの濃度測定に用いられる。
（次ページの図参照）

112

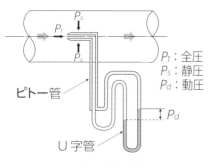

P_t：全圧
P_s：静圧
P_d：動圧

ピトー管

U字管

〔ピトー管の例〕

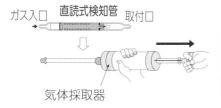

ガス入口　直読式検知管　取付口

気体採取器

〔直読式検知管〕

3〇　室内温湿度の測定には、アスマン通風乾湿計等が用いられる。

4〇　室内気流の測定には、カタ計等が用いられる。

No. 39	労働安全衛生法	正答	**3**

1〇　「し尿、汚水その他腐敗し、分解しやすい物質を入れたタンク、管、暗きょ、溝又はピットの内部」は、酸素欠乏危険場所における作業に該当し、酸素欠乏危険作業主任者を選任する必要がある（労働安全衛生法施行令第6条第二十一号、別表第6）。

2〇　「型枠支保工の組立て又は解体の作業」は、型枠支保工の組立て

等作業主任者を選任する必要がある（同法施行令第6条第十四号）。

3×　「つり上げ荷重が1トン未満のクレーン、移動式クレーン又はデリックの玉掛けの業務」は、厚生労働省令で定める、当該業務に関する安全又は衛生のための特別の教育を行わなければならない。従って、作業主任者を選任すべき作業には該当しない（同法第59条第3項）。

4〇　「第一種圧力容器（小型圧力容器を除く）の取扱いの作業」は、第一種圧力容器取扱作業主任者を選任する必要がある（同法施行令第6条第十七号）。

No. 40	労働基準法	正答	**1**

1×　賃金とは、賃金、給料、手当、賞与その他名称の如何を問わず、労働の対償として使用者が労働者に支払うすべてのものをいう。従って、賞与は賃金に含まれる（労働基準法第11条）。

2〇　賃金は、通貨で、直接労働者に、その全額を支払わなければならない（同法第24条第1項）。

3〇　賃金は、毎月1回以上、一定の期日を定めて支払わなければならない。ただし、臨時に支払われる賃金、賞与その他これに準ずるものは除かれている（同法第24条第2項）。

4 ○ 使用者は、労働者が出産、疾病、災害その他、非常の場合の費用に充てるために請求する場合は、**支払期日前であっても、既往の労働に対する賃金を支払わなければならない**（同法第25条）。

No. 41	建築基準法	正 答	**2**

1 ○ 特殊建築物に該当するのは、学校・体育館・**病院**・劇場・観覧場・集会場・展示場・市場・ダンスホール・百貨店・遊技場・公衆浴場・旅館・共同住宅・寄宿舎・下宿・工場・倉庫・自動車車庫・危険物の貯蔵場・と畜場・火葬場・汚物処理場その他これらに類する用途に供する建築物である（建築基準法第2条第二号）。従って、**病院は特殊建築物に該当する。**

2 × 主要構造部とは、**壁、柱、床（最下階の床は除く）、はり、屋根又は階段**をいう。同時に、**構造耐力上主要な部分**とは、基礎、**基礎ぐい**、壁、柱、小屋組、土台、斜材（筋かい等）、床版、屋根版又は横架材（はり、けた等）と規定されている。従って、**基礎ぐいは、主要構造部ではなく、構造耐力上主要な部分に該当する**（建築基準法第2条第五号、同法施行令第1条第三号）。

3 ○ 居室とは、居住、執務、作業、**集会**、娯楽その他これらに類する目的のために**継続的に使用する室、**と定められている。従って、**集会のために継続的に使用される室は、居室に該当する**（建築基準法第2条第四号）。

4 ○ 不燃材料とは、不燃性能に関する技術的基準に適合するもので、国土交通大臣の定めたもの又は認定を受けたものと規定されている。該当するものは、**コンクリート、れんが、かわら、鉄鋼、アルミニウム、ガラス、モルタル、しっくい**等である。従って、**金属板とガラスは、不燃材料に該当する**（建築基準法第2条第九号）。

No. 42	建築基準法	正 答	**4**

1 ○ 建築物に設ける**飲料水の配管設備と、その他の配管設備とは直接連結させないこと**、と規定されている（建築基準法施行令第129条の2の4第2項第一号）。

2 ○ 汚物処理性能に関する技術的基準により、**放流水に含まれる大腸菌群数が、1cm³につき3,000個以下とする性能を有するものでなければならない**（同法施行令第32条第1項第二号）。

3 ○ 火を使用する設備又は器具の近くに排気フードを有する排気筒を設ける場合、**排気フードは、不燃材料で造ること**、と規定されている（同法施行令第20条の3第2項

第四号)。

4 × 排水再利用配管設備は、洗面器、手洗器、その他の誤飲、誤用のおそれのある衛生器具に連結しないこと、と規定されている。従って、**塩素消毒を行っても、手洗器に排水再利用配管設備を連結させてはならない**（昭和50年建設省告示第1597号）。

No.43	建設業法	正答	2

1 ○ 2級管工事施工管理技術検定に合格した者は、管工事における**主任技術者の要件に該当する**（建設業法第7条第二号ハ、同法施行規則第7条の3）。

2 × **二級建築士**は、建設業法上の**管工事における主任技術者の要件には該当しない**。

3 ○ **建築設備士**の資格を有することになった後、**管工事に関し1年以上実務経験**を有する者は、管工事における主任技術者の要件に該当する（建設業法第7条第二号ハ、同法施行規則第7条の3）。

4 ○ 許可を受けようとする建設業に係る建設工事に関し**10年以上実務経験**を有する者は、**主任技術者の要件に該当する**（建設業法第7条第二号ロ）。

No.44	建設業法	正答	3

1 ○ 見積りに必要な期間は、工事一件の予定価格が**500万円に満たない工事**については**1日以上**、と規定されている（建設業法施行令第6条第1項第一号）。

2 ○ 建設工事の請負契約の当事者は、契約の締結に際して、**工事内容・請負代金の額・工事着手の時期及び工事完成の時期等**の事項を書面に記載し、署名又は記名押印をして**相互に交付しなければならない**、と規定されている（同法第19条第1項）。

3 × 元請負人は、下請負人からその請け負った建設工事が完了した旨の通知を受けたときは、当該**通知を受けた日から20日以内**で、かつ、できる限り短い期間内に、**その完成を確認するための検査を完了しなければならない**、と規定されている（同法第24条の4第1項）。

4 ○ **元請負人は、工事完成後における支払いを受けたときは、下請負人に対して、下請負人が施工した出来形に対する割合及び出来形部分に相応する下請代金を、当該支払いを受けた日から1月以内、かつ、できる限り短い期間内に支払わなければならない**、と規定されている（同法第24条の3第1項）。

No.45	消防法	正答	3

消防法に基づく、危険物の規制に関する政令第1条の11に、**危険物の指定**

数量については、別表第3に定める数量、と規定されている（下表参照）。

また、消防法第10条第2項には、**指定数量を異にする2以上の危険物を同一の場所**で貯蔵し、又は取り扱う場合について、それぞれの危険物の数量を当該危険物の指定数量で除し、**その商の和が1以上となる**ときは、当該場所は、**指定数量以上**の危険物を貯蔵し、又は取り扱っているものとみなす、と規定されている。

1 ○　$100/1,000 + 200/2,000 = 0.2$
2 ○　$100/200 + 200/1,000 = 0.7$
3 ×　$500/1,000 + 1,000/2,000 = 1.0$
4 ○　$200/1,000 + 500/1,000 = 0.7$

従って、**3**が誤り。

| No. 46 | 建築物省エネルギー法 | 正答 | **2** |

エネルギー消費性能の評価対象となる建築設備は、下記のように規定されている（建築物省エネ法施行令第1条）。

一　空気調和設備その他の機械換気設備
二　照明設備
三　給湯設備

四　昇降機

従って、**2**の給湯設備が、エネルギー消費性能の評価対象に**該当する**。

| No. 47 | フロン排出抑制法 | 正答 | **4** |

1 ○　第一種特定製品の管理者は、3月に1回以上、同製品について**簡易な点検**を行わなければならない（フロン排出抑制法第16条第1項、平成26年経済産業省・環境省告示第13号第二第1項第一号）。

2 ○　第一種特定製品の管理者は、製品からの漏えいを確認した場合にあっては、当該**漏えいに係る点検**及び当該**漏えい箇所の修理**を速やかに行うこと、と規定されている（同法第16条第1項、平成26年経済産業省・環境省告示第13号第三第1項第一号）。

3 ○　第一種特定製品の管理者は、**製品ごとに点検及び整備に係る記録簿を備え、当該製品を廃棄するまで、保存する**こと、と規定されている（同法第16条第1項、平成26年経済産業省・環境省告示第13

〔No.45　主な危険物の指定数量〕

品名	性質	主な物品	指定数量(リットル)
第一石油類	非水溶性液体	ガソリン・ベンゼン	200
	水溶性液体	アセトン	400
第二石油類	非水溶性液体	灯油・軽油	1,000
	水溶性液体	酢酸	2,000
第三石油類	非水溶性液体	重油・クレオソート油	2,000
第四石油類		ギヤー油・シリンダー油	6,000

号第四第1項）。

4 × フロン類の再生の実施及び再生証明書の交付は、第一種フロン類再生業者（環境大臣・経済産業大臣の許可業者）が、第一種フロン類充填回収業者（都道府県知事の登録業者）に対して、フロン類を再生した際に送付すること、と規定されている。従って**第一種特定製品の管理者の行うべき事項ではない**（同法第58、59条）。

No.48	廃棄物処理法	正答	**2**

1 ○ ポリ塩化ビフェニルを使用する部品(国内における**日常生活に伴って生じたものに限る**。）に、**廃エアコンディショナー**は該当する。従って、**特別管理一般廃棄物である**（廃棄物処理法施行令第1条第一号）。

2 × 地山の掘削により生じる掘削物は土砂であり、**土砂は廃棄物処理法の対象外**となる（建設工事等から生じる廃棄物の適正処理についての通知）。

3 ○ ガラスくず、コンクリートくず（工作物の新築、改築又は除去に伴って生じたものを除く。）及び陶磁器くずは、**産業廃棄物**に該当する（廃棄物処理法施行令第2条第七号）。

4 ○ 工作物の新築、改築又は除去に伴って生じた産業廃棄物であって、

石綿をその重量の0.1％を超えて含有するもの（廃石綿等を除く。）は、石綿含有産業廃棄物に該当する（同法施行規則第7条の2の3）。

No.49	施工管理法（工程表）	正答	**2,3**

1 ○ ガントチャート工程表は、横線式工程表で示される。**表の作成や修正が容易で、進行状況が明確であるが、各作業の前後の関係や、工事全体の進行度が不明**である。

2 × ガントチャート工程表は、達成度(進行状況)が容易に把握できる。各作業の所要日数は不明である。

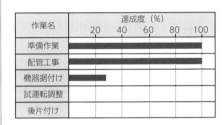

〔ガントチャート工程表〕

3 × バーチャート工程表は、横線式工程表で示される。**バナナ曲線**は、曲線式工程表で示され、工事全体の出来高を管理する工程表である。

作業名	9月			10月		
	10日	20日	30日	10日	20日	30日
準備作業						
配管工事						
機器据付け						
試運転調整						
後片付け						

〔バーチャート工程表〕

令和3年度（後期）解説

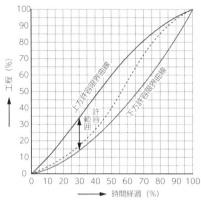

〔バナナ曲線〕

4 ○ バーチャート工程表の長所として、各作業の**施工日程や各作業の着手日と終了日がわかりやすい**。また、作業の流れが左から右へと作業間の関係がわかりやすい。

No. 50	施工管理法（機器の据付け）	正答	**1,4**

1 × 耐震ストッパーは、機器の4隅に設置し、それぞれ**アンカーボルト2本以上で基礎に固定**する。

2 ○ 飲料用の給水タンクは、**タンクの上部が天井から100cm以上離**れるよう据え付ける。タンクの側面部、下面部は60cm以上離れるように据え付ける。

3 ○ 冷水ポンプのコンクリート基礎は、基礎表面に**排水溝を設け、間接排水**できるものとする。

4 × **排水用水中モーターポンプ**を、排水流の入口の近くに設置した場合、流入時の落ち込みにより発生する空気をポンプが巻き込む可能性があるため、**排水流の入口から離れた位置**に据え付ける。

No. 51	施工管理法（配管及び配管附属品の施工）	正答	**3,4**

1 ○ 飲料用の冷水器の排水管は、その他の排水管に**直接連結せず、排水口空間を確保した間接排水**とする。

2 ○ 飲料用の受水タンクに給水管を接続する場合は、**フレキシブルジョイント**を介して接続する。一般に、フレキシブルジョイントは「偏心」を伴う箇所に設置される。

3 × ループ通気管の排水横枝管からの取出しの向きは、中心線から垂直又は垂直から45°以内の角度とする。

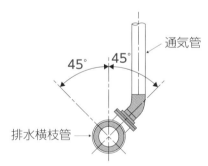

〔ループ通気管の取出し向き〕

4 × ループ通気管の排水横枝管からの取出し位置は、**排水横枝管に最上流の器具排水管が接続された箇所の下流側**とする。
（次ページの図参照）

118

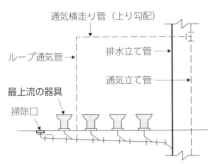

〔ループ通気管の取出し位置〕

| No. 52 | 施工管理法（ダクト及び ダクト附属品の施工） | 正答 | **1,2** |

1 × ダクト接合用の**フランジの許容最大取付け間隔**は、ダクトの寸法に関係なく1,820mmとなっている。

2 × シーリングディフューザーの**中コーンに落下防止用のワイヤーを取り付ける**。下図のように中コーンに、落下防止用のワイヤー等を取り付けたものを使用するとよい。

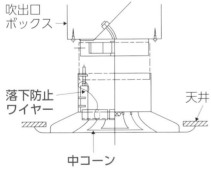

〔シーリングディフューザーの取付例〕

3 ○ 防火ダンパーは、火災による脱落がないように、原則として、**4本吊り**とする。

吊りボルトで4本吊りとする

〔ダクトの防火区画貫通部の施工例〕

4 ○ 小口径のスパイラルダクトの接続には、一般的に、**差込継手**が使用される。口径が600mm以上のダクトには**フランジ継手**が採用されている。

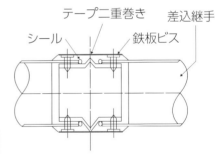

〔スパイラルダクトの接続例〕

2級管工事施工管理技術検定 第一次検定 正答・解説

No. 1	環境工学（室内空気環境の指標）	正答	**1**

1 × 浮遊物質量（SS）は、粒径2mm以下の**水に溶けない懸濁性の物質**のことをいい、**水の汚濁度を視覚的に判断**するのに用いられる。**室内空気環境とは関係ない。**

2 ○ 予想平均申告（PMV）は、人の温冷感を示す**温度・湿度・気流・周壁からの放射熱・代謝量・着衣**量を用いて示した指標である。快適な状態を0として、やや暖かい（+1）、暖かい（+2）、暑い（+3）、やや涼しい（−1）、涼しい（−2）、寒い（−3）の7段階で示す。

3 ○ 揮発性有機化合物（VOCs）は、常温で蒸発する有機化合物の総称をいい、その種類は多い。**室内**での発生源は、建材、家具等のほか、石油ストーブなどの開放型燃焼器具、喫煙などからも発生する。VOCsの一つである**ホルムアルデヒドの室内の許容濃度は、0.1mg/m³以下**となっている（右段の表参照）。

4 ○ 室内の温熱環境を左右する要因には、**温度・湿度・気流・周壁からの放射**がある。**気流速度は、0.5m/s以下**となっている（右段の表参照）。

空気調和設備が設置される
建築物の室内の環境基準
（建築物衛生法施行令第2条第一号（イ）より）

項目	室内環境基準
浮遊粉じんの量	空気1m³につき0.15mg以下
一酸化炭素の含有量	6/1000000以下
二酸化炭素の含有量	1000/1000000以下
温度	①18℃以上28℃以下 ②居室における温度を外気の温度より低くする場合は、その差を著しくしないこと
相対湿度	40%以上70%以下
気流	0.5m/s以下
ホルムアルデヒド	空気1m³につき0.1mg以下

No. 2	環境工学（室内空気環境）	正答	**2**

1 ○ 石綿（アスベスト）は、**天然の繊維状の鉱物**で、耐熱性、吸音性、耐化学薬品性、耐腐食性などの特性をもつが、その**粉じんを吸入**すると、**中皮腫などの健康障害を引き起こす**おそれがある。

2 × 空気齢とは、室内のある地点における空気の新鮮さの度合い（新鮮外気の供給効率）を示すもので、室内のある地点までの新鮮外気の平均到達時間で表す。**空気齢が小**

さいほど、その地点での換気効率がよく空気は新鮮である。

3 ○ 臭気は、空気汚染を示す指標の一つであり、**臭気強度や臭気指数**で表す。臭気強度は、においの程度を0（無臭）から5（強烈なにおい）の6段階で示したもので、臭気指数は、人間の嗅覚によってにおいの程度を数値化したもので、臭気指数＝10×log（臭気濃度）で示す。例えば、もとの臭いを100倍に希釈して、臭いを感じ取れなくなった場合、臭気濃度は100、臭気指数は20となる。

4 ○ 二酸化炭素（CO_2）は、**無色無臭で空気より重い気体**である。CO_2は燃焼ガスや人の呼気に含まれる。**室内空気の二酸化炭素の濃度は、室内空気質の汚染を評価す**るための指標として用いられており、「建築物衛生法」における建築物環境衛生管理基準では、**室内における許容濃度は0.1%以下**とされている。

No. 3	流体工学（流体に関する用語）	正答	4

1 ○ 運動している流体には、分子の混合および分子間の引力が、流体相互間又は流体と固体の間に生じ、**流体の運動を妨げる摩擦応力が働**く。この力を粘性という。この摩擦応力τ〔N/㎡〕とし、比例定数μ、速度勾配dv/dyとすると、$\tau = \mu$

（dv/dy）が成立する。このときの比例定数μを粘性係数という。**粘性係数〔Pa・s〕は、流体の種**類とその温度によって異なる。

2 ○ 密閉容器内の**液体の一部に圧力を加えると、それと同じ強さの圧力がすべての部分に伝わる**。これを**パスカルの原理**という。

3 ○ **体積弾性係数**は、**物質の圧縮性**を示したもので、**体積弾性係数の逆数を圧縮率**という。

4 × レイノルズ数は、流れが層流か乱流かを判別するのに用いられる。一方、**表面張力**は、液体の自由な表面で、**分子同士の引力によりその表面を縮小しようとする性質**が働くことをいう。したがって、**レイノルズ数と表面張力は関係がない**。

No. 4	熱工学（伝熱）	正答	3

1 ○ 固体壁を挟んだ流体の間の伝熱を熱通過という。熱通過は、熱伝達→熱伝導→熱伝達の過程をとる。

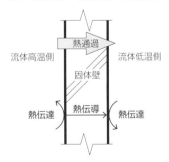

熱通過
流体高温側　　流体低温側
固体壁
熱伝達　熱伝導　熱伝達

〔冬期の外壁の熱の伝わり方〕

令和3年度（前期）解説

2 ○ 固体壁表面とこれに接する流体との間で熱が移動する現象を**熱伝達**という。熱伝達には、対流熱伝達と放射熱伝達があり、両者をまとめて総合熱伝達といい、一般に、熱伝達といえば総合熱伝達を示す。

3 × 気体、液体、固体の**熱伝導率**は、一般的に、**気体＜液体＜固体**となる。**気体の熱伝導率**は、**液体や固体と比べて小さい**（下表）。

物質の熱伝導率

	物質	温度〔℃〕	熱伝導率〔W／(m・K)〕
気体	乾燥空気	0	0.0241
液体	水	10	0.582
固体	氷	0	2.2
	鉄	0	83.5
	アルミニウム	0	236

4 ○ **自然対流**とは、流体内のある部分が**温められ上昇し、周囲の低温の流体がこれに代わって流入する熱移動現象等**をいう。また、強制対流とは、送風機などを用いて流体を強制的に熱移動させることをいう。

No.5	電気設備（電気工事）	正答	**3**

電気工事士法第2条第3項で、一般用電気工作物において、「電気工事士法」上、電気工事士資格を有しない者でも従事できる作業（**軽微な作業**）は、同法施行規則第2条第2項第一号のイ（第一号イ〜ヌ、ヲ）、ロに示されている作業以外の作業となる。

1 ○ 電線管に電線を収める作業（同法施行規則第2条第1項第一号のニに該当）は、**軽微な作業ではない**ので**電気工事士資格者**が行わなければならない。

2 ○ 電線管とボックスを接続する作業（同法施行規則第2条第1項第一号のヘに該当）は、**軽微な作業ではない**ので**電気工事士資格者**が行わなければならない。

3 × **露出型コンセントを取り換える作業**は、同法施行規則第2条第1項第一号ホに、配線器具を造営材その他の物件に取り付け、若しくはこれを取り外し、又はこれに電線を接続する作業（露出型点滅器又は露出型コンセントを取り換える作業を除く。）とあり、**軽微な作業**となるので、**電気工事士資格を有しない者でも従事できる作業**である。

4 ○ 接地極を地面に埋設する作業（同法施行規則第2条第1項第一号ルに該当）は、**軽微な作業ではない**ので**電気工事士資格者**が行わなければならない。

No.6	鉄筋コンクリート造の建築物の鉄筋	正答	**4**

1 ○ ジャンカは粗骨材が多く集まった部分をいい、ジャンカがあると、コンクリートに隙間が生じて鉄筋が腐食しやすくなる。**コールドジョイント**は先に打ち込まれたコンク

リートが固まり、後から打ち込まれたコンクリートとの**打ち継目**をいい、継目部分に隙間が生じてその部分の鉄筋が腐食しやすくなる。よって、**ジャンカ、コールドジョイントは、鉄筋の腐食の原因になりやすい。**

2 ○ コンクリートは圧縮強度が大きく、引張り強度は（圧縮強度の1/10程度）小さい。鉄筋は引張り強度が**大きい。**

3 ○ あばら筋は、**梁のせん断破壊を防止する補強筋**である。また、帯筋は、柱のせん断破壊を防止する補強筋である。

4 × 鉄筋の**かぶり厚さ**は、下表のように**違ってくる。**特に**基礎は6cm以上と厚くなる。**

建築物の部分	かぶり厚さ
耐力壁以外の壁又は床	2cm以上
柱・はり・耐力壁　一般	3cm以上
柱・はり・壁・床土に接する部分	4cm以上
基礎　布基礎の立上り部分	4cm以上
基礎　その他	6cm以上（捨コンクリートの部分を除く）

（建築基準法施行令第79条第1項より）

No. 7	空気調和（空気調和設備の省エネルギー計画）	正答	**1**

1 × **冷却減湿・再熱方式**は、冷房時の室内の潜熱負荷が大きく、室内

顕熱比（SHF）が小さくなる場合に採用されている。しかし、省エネルギーの観点からみると、**冷房時に再熱負荷が発生するため省エネルギーにはならない。**

2 ○ 一般空調における外気の取入れは、対象となる**室内のCO_2許容濃度から必要換気量が決定される。予冷・予熱時に外気を取り入れないように制御する**とともに、対象となる室内のCO_2濃度を計測して外気取入れ量を制御すると省エネルギーに有効である。

3 ○ 全熱交換器は、空調された室内の排気の熱（全熱）を外気取入れ時に**熱回収する装置**である。ユニット形空気調和機に全熱交換器を組み込むことは、省エネルギーに有効である。

4 ○ 成績係数とは、エアコンや冷凍機などの**エネルギー消費効率を表す指標**の一つで、消費エネルギーに対する冷房能力又は暖房能力の割合を示したものである。**成績係数が高いほど高効率**の機器といえる。冷凍機やヒートポンプ冷凍機などの熱源機器は、成績係数が高い機器を採用することは省エネルギーに有効である。

No. 8	空気調和（暖房時の湿り空気線図）	正答	**3**

図に示す暖房時の湿り空気線図において、点①は**室内空気**、点②は**外気**、

点③は室内空気と外気の混合空気、点
④は加熱コイル出口空気、点⑤は加湿
器出口（又は室内吹出し空気）の状態
を示している。したがって、

1 ○ 吹出し温度差は、①と⑤の**乾球
温度差**である。

2 ○ コイルの加熱負荷は、③と④の
比エンタルピー差から求める。

3 × 加湿量は、④と⑤の**絶対湿度差**
から求める。

4 ○ コイルの加熱温度差は、③と④
の**乾球温度差**である。

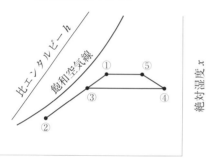

乾球温度 t

No. 9	空気調和 (熱負荷)	正答	**2**

1 ○ 熱通過率とは、屋根や壁体の**熱
の伝わりやすさ**を数値で示したも
ので、小さいほど熱が伝わりにく
い。したがって、**構造体の熱通過
率の値が小さいほど**、**通過熱負荷
は小さくなる**。

2 × 冷房負荷計算では、**OA機器
（コピー機・パソコン等）**から発
生する熱は、**顕熱のみ**なので**潜熱
は考慮しない**。

**3 ○ 二重サッシ内にブラインドを設
置した方（下図右）**が、室内に設
置した場合（下図左）より日射熱
が室内に侵入しにくくなるため、
日射負荷は小さくなる。

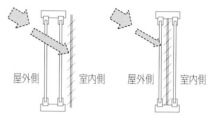

〔二重サッシ＋ブラインドによる日射遮蔽効果〕

4 ○ 冷房負荷計算では、**ダクト通過
熱損失と送風機による熱負荷**は、
一般的に、**室内顕熱負荷の10〜
20%**として**考慮している**。

No. 10	空気調和 (空気清浄装置)	正答	**1**

1 × ろ材の特性の一つとして、**粉じ
ん保持容量が大きい**ことが求めら
れる。そのほかに、**空気抵抗が小
さい、吸湿性が小さい、腐食およ
びカビの発生が少ない、難燃性又
は不燃性**であることなどの性能が
求められる。

2 ○ ろ過式の構造には、**自動更新型**、
ユニット交換形等がある。自動更
新型の**自動巻取形**は、**タイマー又
は前後の差圧スイッチ**により自動
的に**巻取り**が行われる。

3 ○ 静電式は、高電圧を使って**粉じ
んを帯電させて除去**するもので、
比較的微細な粉じん用として用い

られている。

4○ 空気清浄装置の**圧力損失**とは、装置の**上流側と下流側の圧力差**〔Pa〕で、初期値と最終値がある。

No. 11	冷暖房 (直接暖房方式)	正 答	3

1○ 暖房用自然対流・放射形放熱器には、**コンベクタ類とラジエータ**類がある。コンベクタ類には**コンベクタ、ベースボードヒータ**があり、ラジエータ類にはパネルラジエータと**セクショナルラジエータ**がある。

〔コンベクタ〕

〔ベースボードヒータ〕

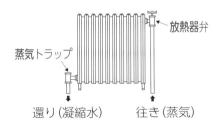

〔セクショナルラジエータ〕

2○ 温水暖房は装置の熱容量が大き

いため、装置が温まるまでの**ウォーミングアップにかかる時間**が蒸気暖房に比べて**長くなる。**

3× **温水暖房**は、50〜80℃の温水が使用されるが、蒸気暖房は高温の蒸気（100℃以上）を利用して暖房を行う。したがって、**放熱面積は蒸気暖房の方が小さくて済む。**

4○ 暖房用強制対流形放熱器の**ファンコンベクタ**には、**ドレンパンは不要**である。ドレンパンは、熱交換器（コイル）で発生する結露水を溜めておく**受け皿**のことである。冷水コイル（又は冷温水コイル）が内蔵されている**ファンコイルユニット**などには**ドレンパンが必要**である。

No. 12	冷暖房 (吸収冷温水機)	正 答	2

1○ 木質バイオマス燃料の**木質ペ**レットを燃料として使用する機種もある。

2× **吸収冷温水機**は、蒸発→吸収→再生→凝縮のサイクルで運転される。蒸発器内で冷媒（水）を蒸発させ、吸収器で吸収液（臭化リチウム）が蒸発した水を吸収する。次に水で薄まった吸収液を再生器で加熱し再生させる。このように吸収冷温水機は化学反応で行っているため、**圧縮式冷凍機に比べて立ち上がり時間は長くなる。**

3○ 吸収冷温水機には、冷水・温水

を別々に取り出す機種と、同時に冷温水を取り出すことができる機種がある。

4 ○ 二重効用吸収冷温水機は、大気圧以下で運転されるため、一般的に、取扱いに資格者（ボイラー技士等）が不要である。

No. 13	換気・排煙（換気設備）	正答	3

1 ○ 発電機室の換気は、内燃機関に必要な燃焼用空気（酸素）の供給と、発電機からの発生熱による室温上昇を抑えるため、確実な給気・排気が可能な第一種機械換気方式が適切である。

2 ○ 建築基準法による無窓の居室（換気の基準を満たす窓がない居室）とは、換気に有効な開口部の面積が居室の床面積の1/20未満の居室をいう（建築基準法第28条第2項）。無窓の居室の換気については、自然換気、機械換気、空気調和設備を設置しなければならない。無窓の居室の換気に第一種機械換気方式を用いるのは適切である。

3 × 汚染物質が発生する室の換気は、独立させた換気設備としなければならない。便所の換気の主目的は臭気の排除なので、居室の換気系統とは別系統とする。

4 ○ 誘引誘導換気方式は、室内の空気を誘引ファンによって換気する方法である。誘引ファンは、吹出ノズルから高速で空気を吹き出し、周囲の空気を誘引して気流をつくり、空気の移送や撹拌を行い、均一な換気を行うファンである。工場や駐車場の換気に採用されている。

〔誘引誘導換気方式〕

No. 14	換気・排煙（換気設備）	正答	1

1 × 汚染度の高い室を換気する場合の室圧は、周囲の室より低くする（室圧を負圧にする）。室圧を負圧にした方が良い室として、便所、浴室、倉庫などがあり、第三種機械換気方式が採用されている。また、レストラン等の厨房は、第一種機械換気方式とし、室圧を負圧とする。

2 ○ 汚染源が固定していない室とは、住宅ではリビングやダイニングなど、一般ビルでは事務室などが該当する。このような室の換気は、長時間にわたって新鮮な空気の確保が必要であり、室全体空気の入替えを行う全般換気が適切である。

3 ○ 排気フードは、できるだけ汚染源に近接し、汚染源を囲むように設ける。例えば、建築基準法では排気フードⅡ型（業務用フード）

の構造を規定している。

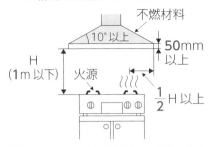

〔排気フードⅡ型（業務用フード）の例〕

4 ○ 排風機は、できるだけ**ダクト系の末端に設け**、排風機の吐出側のダクトはできるだけ短くする。ダクト内を負圧にすることで、ダクト内を流れる**汚染空気の漏洩を防ぐ**ことができる。

No. 15	給水装置の静水圧と保持時間	正答	**2**

給水装置の構造及び材質の基準に関する省令で、「給水装置（最終の止水機構の流出側に設置されている給水用具を除く。）の耐圧性能試験により1.75MPaの静水圧を**1分間**加えたとき、水漏れ、変形、破損その他の異常を生じないこと。」と定められている（第1条第1項（耐圧に関する基準））。よって、**2**が正しい。

No. 16	下水道	正答	**3**

1 ○ 管きょの断面は、**円形又は矩形を標準**とし、小規模下水道では**円形又は卵形を標準**とする。なお、最小管径は、**汚水管きょは200mm**、雨水管きょ、合流管

きょでは250mmである。

2 ○ 分流式の汚水だけを流す場合は、臭気を防ぐために**必ず暗きょとする**。

3 × 管きょの流速が小さければ、管きょ底部に**汚物が沈殿しやすくなる**。

4 ○ 公共下水道の排除方式には**合流式と分流式**があるが、原則として、**分流式**とする。

No. 17	給水設備	正答	**4**

1 ○ 節水こま組込みの節水型給水栓は、こまの下の部分が普通のこまより大きくなっているので水量が抑えられて節水ができる。よって、流し洗いの場合等は、**自然と節水することができる**。

2 ○ 給水管の分岐は、上向き給水の場合は**上取出し**とし、下向き給水の場合は**下取出し**とする。

3 ○ 飲料用給水タンクのオーバーフロー管には、**排水トラップを設けてはならない**。（令和3年度（後期）No.17選択肢4の解説図参照）。

4 × 高置タンク方式は、他の給水方式に比べ、**給水圧力の変動が最も安定している**。

No. 18	給湯設備	正答	**1**

1 × 給湯管に使用される**架橋ポリエチレン管の線膨張係数**は、銅管の**線膨張係数に比べて大きい**。20℃

の時の架橋ポリエチレン管の線膨張係数は1.4×10^{-4}、銅管の線膨張係数16.5×10^{-6}である。

2 ○ 湯沸室の給茶用の給湯（**90℃**）には、一般的に、**局所式給湯設備が採用**される。

3 ○ ホテル、病院等の給湯使用量の大きな建物には、機械室に加熱装置、貯湯タンク、循環ポンプなどを集中して設置する**中央式給湯設備が採用**されることが多い。

4 ○ 給湯配管で上向き供給方式の場合、**給湯管は先上がり、返湯管は先下がり**とする。なお、上向き供給方式の場合は、立管系統ごとにエア抜きを考慮すること。

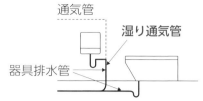

通気管
湿り通気管
器具排水管

No.19 通気設備　正答 2

1 ○ 排水横枝管から立ち上げたループ通気管は、**最上流の器具排水管接続点直後の下流側から通気管を立ち上げて、通気立て管又は伸頂通気管に接続**する。

2 × 湿り通気管とは、**2個以上のトラップを保護するために器具排水管と通気管を兼用する部分**をいい、大便器の器具排水管は、瞬時排水量が大きく、満水状態が多い排水管（汚水管）のため、**トラップの水封が破られやすいので湿り通気管として利用してはならない**。
（右段の図参照）

3 ○ 排水立管を延長して立ち上げて通気管とするものは、**伸頂通気管**という。なお、**通気立て管の上端は、単独で大気中に開口してよい**。

4 ○ 通気管は、**排水系統内の空気の流れを円滑にし、清潔にする**ために設ける。その他、水封を保つ（排水管の圧力変動を緩和する）目的がある。

No.20 器具排水負荷単位法　正答 3

排水管の管径決定法には、器具排水負荷単位法と定常流量法がある。器具排水負荷単位法は、**器具排水負荷単位と勾配を基準として管径を決める方法**で、1の器具排水負荷単位数、2のブランチ間隔、4の勾配は関係するが、3の配管材質は関係ない。

ブランチ間隔は、排水立て管に接続する排水横枝管又は排水横主管の間隔をいい、2.5mである。「1ブランチ間隔」は、2.5mを超えるものをいう。このブランチ間隔は、次ページの表の排水横枝管及び立て管の許容最大器具排水負荷単位数に関係する。
（次ページの図表参照）

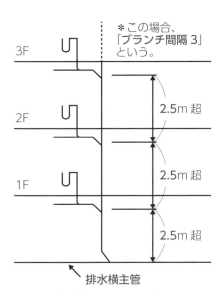

*この場合、「ブランチ間隔3」という。

3F

2F

1F

2.5m 超

2.5m 超

2.5m 超

排水横主管

**横枝管および立て管の
許容最大器具排水負荷単位数**

管径〔mm〕	受け持ちうる許容最大器具排水負荷単位数			
	排水横枝管	3階建て又はブランチ間隔3を有する1立て管	3階建てを超える場合	
			1立て管に対する合計	1回分又は1ブランチ間隔の合計
30	1	2	2	1
40	3	4	8	2
50	6	10	24	6
65	12	20	42	9
75	20	30	60	16
100	160	240	500	90
125	360	540	1,000	200

No. 21 屋内消火栓設備　正答 **4**

屋内消火栓のポンプの仕様を決めるには、**1**の**実揚程**、**2**の**消防用ホース**の**摩擦損失水頭**、**3**の**屋内消火栓の同時開口数**は関係するが、**4**の**水源の容量は関係ない**。

ポンプ決定には、①**放水量**〔L/min〕

（吐出能力）…消火栓設置個数（最大2個）、②**揚程**〔m〕（吸込揚程＋ホースの摩擦損失＋ノズル先端の放水圧力＋配管の摩擦損失）③**動力**〔kW〕、その他：**型番、口径等**が関係する。

No. 22 ガス設備　正答 **2**

1 ○ 液化石油ガスは、**空気より重い**ので空気中に漏えいすると**低いところに滞留**しやすい。

2 × 液化石油ガスの主成分は炭化水素であるが**無色無臭**のため、付臭剤（人工的に臭いを付ける）を使用し**ガス漏れを感知**している。

3 ○ 一般家庭用のガスメーターは、地震（震度5程度）により感知できる**マイコンメーター**を設置する。

4 ○ 液化天然ガスは、メタンを主成分とする天然ガスを冷却して液化したもので、石炭や石油に比べ、燃焼時の**二酸化炭素の発生量が少ない**。

No. 23 FRP製浄化槽の施工　正答 **3**

1 ○ 槽が2槽以上に分かれる場合においても、**基礎は一体の共通基礎**とする。

2 ○ ブロワーは、騒音問題が起こらないように隣家や寝室等から**離れた場所に設置**する。

3 × 通気管を設ける場合は、エア（ガス）がたまらないように先上り勾配とする。

令和3年度（前期）解説

4 ○ 腐食が激しい箇所のマンホールふたは、**防臭及び強度を考慮してプラスチック製等としてもよい。**

No. 24	給湯設備の機器	正答	**3,4**

1 ○ **小型貫流ボイラー**は、水管ボイラーの変形で、水管部分で蒸発させる蒸気ボイラーである。最高使用圧力は1.6MPa以下で、**保有水量が少ないため、起動時間が短く、負荷変動への追従性がよい。**ただし、寿命が短く、騒音が高く高価なため使用例が少ない。また、**高度な水処理が要求される。**

2 ○ **空気熱源ヒートポンプ給湯機**は、冷媒を使用しヒートポンプユニットと貯湯タンクユニット間を配管で組合わせたもので、**大気中の熱エネルギーを給湯の加熱に利用するもの**である。

3 × **真空式温水発生機**は、大気圧以下で運転される。労働安全衛生法上のボイラーとしては該当しないので、ボイラー技士などの資格は不要である。なお、本体に封入されている**熱媒水の補給が不要である。**

4 × **密閉式ガス湯沸器**は、燃焼空気を屋外から取り入れ、燃焼ガスを直接屋外に排出するものである。

No. 25	設備機器	正答	**1**

1 × **遠心ポンプ**には、渦巻ポンプとディフューザポンプ（案内ばね付きポンプ）があり、**吐出量（水量）**の増加とともに揚程は低くなる。

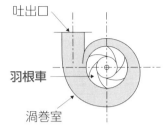

〔渦巻ポンプ〕

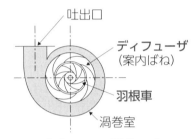

〔ディフューザポンプ〕

2 ○ **飲料用受水タンク**には、鋼板製、ステンレス製、プラスチック製（FRP製）及び木製のものがある。

3 ○ **軸流送風機**には、チューブラ送風機、ベーン軸流送風機、プロペラ送風機があり、構造的に**小型で低圧力、大風量に適した送風機**である。

4 ○ **吸収冷温水機**（直だき吸収冷温水機）は、二重効用吸収冷凍機の加熱源を蒸気又は高温水に替えて、ガスや灯油などで加熱する方式のものであり、**冷水と温水を取り出すことができるもので、ボイラーと冷凍機の両方を設置する場合に**

比べ、設置面積が小さい。

| No. 26 | 配管材料 | 正答 | 4 |

1○　**排水・通気用耐火二層管**は、硬質ポリ塩化ビニル管等の規格品に、繊維補強モルタルで耐火被覆したもので、**防火区画貫通部1時間遮炎性能の規定に適合するもの**である。

2○　**水道用硬質ポリ塩化ビニル管**（JIS K 6741）の種類には、**VP**と**HIVP**（耐衝撃性）があり、接合方式は、接着接合方式とゴムリング接合方式がある。

3○　**水道用ポリエチレン二層管**（JIS K 6762）の種類には、**1種**（低密度又は中密度ポリエチレン）、**2種**（高密度ポリエチレン）、**3種**（ISO規格寸法）がある。

4×　**排水用リサイクル硬質ポリ塩化ビニル管**（REP-VU）は、使用済みの塩ビ管などをマテリアルリサイクルした屋外排水用の塩化ビニル管である。

| No. 27 | ダクト及びダクト附属品 | 正答 | 4 |

1○　**案内羽根**（ガイドベーン）は、直角エルボ等に設け、圧力損失を低減する。

2○　軸流吹出口の種類には、**ノズル形**、スポット形（**パンカルーバー**）、格子形（ユニバーサル吹出口、グリル吹出口）等がある。

3○　吸込口が居住区域内の座席に近い位置にある場合は、有効開口面風速を**2.0～3.0m/s**とする。なお、吹出気流と到達距離の関係で、**到達距離**とは、吹出口から吹き出された空気の中心気流速度が0.25m/sとなった場所をいう。

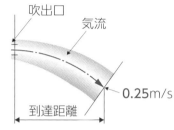

〔吹出口における到達距離〕

4×　**シーリングディフューザー形**（ネモ形）吹出口は、室内空気の誘引作用が**非常に大きく**、**拡散半径が大きく、気流分布がよい**（令和5年度（前期）No.27選択肢1の図参照）。

| No. 28 | 設計図書（設備機器と記載する項目の仕様） | 正答 | 3 |

吸収冷温水機は、型式、冷却能力、温水能力、冷水量、温水量、冷却水量、冷水出入口温度、温水出入口温度、冷却水出入口温度、電動機出力及び電源仕様を記載する。**圧縮式**でないため圧縮機容量は不要である。よって、**3**が不適当となる。

| No. 29 | 施工計画（公共工事における施工計画） | 正答 | 3 |

1○　受注者は工事の**着手前**に、総合

施工計画書及び工種別の施工計画書を監督員に提出する。

2 ○　発注者は、**現場代理人の工事現場への常駐義務を一定要件のもとに緩和できる。**一定要件とは、発注者が現場代理人の工事現場における運営、取締りおよび権限の行使に支障がなく、発注者との連絡体制が確保されていると認めた場合である。

3 ×　設計図書の内容に相違がある場合の**優先順位**は、①質問回答書、②現場説明書、③特記仕様書、④設計図面、⑤標準仕様書（共通仕様書）となっている。したがって、**標準仕様書より設計図面の内容が優先**される（公共建築工事標準仕様書（建築工事編）1.1.1）。

4 ○　受注者は、設計図書の内容や現場の納まりに**疑義が生じた場合、監督員と協議**することが定められている。

No. 30	工程管理（ネットワーク工程表）	正答	**4**

クリティカルパスとは、すべての経路（ルート）のうちで**最も長い日数を要する経路**のことをいう。各ルートの作業日数について①の開始イベントから⑦の最終イベントに至るまでの各ルートの日数を集計すると、次のようになる。

(a)　①→②┄③→④→⑤→⑦（B＋C＋E＋G）…5＋3＋2＋4＝14日

(b)　①→②┄③→④→⑤→⑥→⑦（B＋C＋E＋F＋H）…5＋3＋2＋3＋3＝**16**日

(c)　①→③→④→⑤→⑥→⑦（A＋C＋E＋F＋H）…4＋3＋2＋3＋3＝15日

(d)　①→②→⑥→⑦（B＋D＋H）……5＋4＋3＝12日

(e)　①→③→④→⑤→⑦（A＋C＋E＋G）……4＋3＋2＋4＝13日

したがって、クリティカルパスは(b)

〔No.30のネットワーク工程表〕

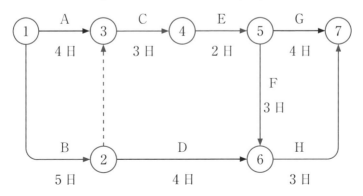

の1本で（前ページの表参照）、**所要日数は16日**となる。したがって、**4**が正しい。

No. 31	品質管理（抜取検査と全数検査）	正答	**1**

1 × **防火ダンパーの温度ヒューズの作動**は、検査するとヒューズが溶けて使用できなくなるため、**抜取検査で確認する**。なお、防火ダンパーや防火区画貫通部分は**全数検査で確認**する。

2 ○ **給水配管の水圧試験**は、漏れがないことを確認するため、**全数検査で確認**する。

3 ○ **ボイラーの安全弁**は不良品があってはならないので、安全弁の作動は、**全数検査で確認**する。

4 ○ **防火区画の穴埋め**は、不良箇所がないように**全数検査で確認**する。

No. 32	安全管理	正答	**4**

1 ○ ツールボックスミーティング（TBM）は、工事現場における安全教育の一つで、職長が中心となり、短時間でその日の**作業範囲、段取り、役割分担、安全衛生など**について**全員で話し合い確認**する。**作業開始前**だけでなく、必要に応じて、**昼食後の作業再開時**や**作業切替え時に行う**こともある。

2 ○ **ツールボックスミーティング**は、当該作業における安全等について、短時間の話し合いを行う。

3 ○ **既設汚水ピット内**で作業を行う際は、**酸素濃度および硫化水素濃度を確認**する。なお、酸素濃度および硫化水素濃度の測定は、酸素欠乏危険作業主任者が行うことになっている。

4 × 事業者は、酸素欠乏危険作業に労働者を従事させる場合は、当該作業を行う場所の空気中の**酸素濃度を18%以上に保つ**ように換気しなければならない（酸素欠乏症等防止規則第5条第1項）。したがって、**汚水ピット内での作業**を行う際は、**酸素濃度が18%以上であることを確認**しなければならない。

No. 33	工事施工（機器の据付け）	正答	**2**

1 ○ **パッケージ形空気調和機の屋外機**は圧縮機やファンからの音が、騒音として周囲に迷惑がかからないように、**騒音対策として設置場所の検討**や、**防音壁の設置**等を行う。

2 × **遠心送風機の心出し調整**は、製造者が出荷前に行うものではなく、**据付け時に行う**。

3 ○ **床置き形のパッケージ形空気調和機の基礎の高さ**は、ドレンパンからの排水管に空調機用トラップを設けるため、一般に、**150mm**程度としている。また、基礎の上に防振パットを敷き水平に設置する。

4 ○ **縦横比の大きい自立機器**は、転

倒防止のために**頂部支持材**を原則として2箇所以上取り付け、壁や天井スラブなどの躯体に固定する（下図）。

転倒防止金物
（壁又は天井スラブ）

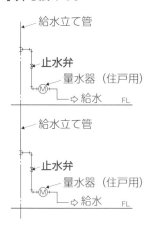

〔転倒防止のために頂部支持材を用いた例〕

No. 34	工事施工（配管及び配管附属品の施工）	正答	**2**

1 ○　給水立て管から各階への分岐管には、**分岐点に近接した部分に止水弁**を設ける。

給水立て管
止水弁
量水器（住戸用）
M
⇨ 給水　FL

給水立て管
止水弁
量水器（住戸用）
M
⇨ 給水　FL

2 ×　雑排水用に配管用炭素鋼鋼管を使用する場合は、用途に応じて、

排水用ねじ込み式鋳鉄製管継手、排水用可とう継手（MDジョイント）、**圧送排水鋼管用可とう継手**、**ちゅう房排水用可とう継手**が使用される。

3 ○　パイプカッターは、**管径が小さい銅管やステンレス鋼管の切断用**として使用されている。

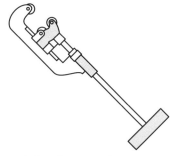

〔パイプカッター〕

4 ○　地中で給水管と排水管を交差させる場合は、**給水管を排水管より上方に埋設**する。なお、地中で給水管と排水管を平行に埋設する場合は**500mm以上離して敷設**する。

No. 35	工事施工（ダクト及びダクト附属品の施工）	正答	**2**

1 ○　保温するダクトが防火区画を貫通する場合、貫通部の保温材は**ロックウール保温材などの不燃材料**を使用する。

2 ×　送風機の接続ダクトに取り付ける風量測定口は、気流が安定した整流となる位置に取り付ける。送風機の吐出し口の直近は気流が乱

れているため適切ではない。

3 ○ フレキシブルダクトは、吹出口ボックス及び吸込口ボックスの接続にも使用されている。

4 ○ 共板フランジ工法ダクト施工において、クリップ等のフランジ押え金具の再使用は禁止されている。

No. 36	工事施工（保温、保冷、塗装等）	正答	1

1 × アルミニウムペイントは、耐水性、耐候性、耐食性に優れており、蒸気管や放熱器などの塗装に使用されている。

2 ○ 天井内に隠蔽される冷温水配管の保温は、水圧試験後に行う。保温後に水圧試験を行うと、漏洩した箇所が分かりづらくなることや、漏洩があった場合の修繕が面倒になる。

3 ○ 冷温水配管の吊りバンドの支持部には、結露水を配管下に滴下させないため、合成樹脂製の支持受けを使用する（令和4年度（前期）No.36選択肢1の図参照）。

4 ○ 塗装場所の気温が5℃以下、湿度85%以上のときや、換気が不十分で乾燥しにくい場所での塗装は行わない（公共建築工事標準仕様書（機械設備工事編）第2編3.2.1.1）。

No. 37	工事施工（機器・配管の試験方法）	正答	4

1 ○ 建物内排水管は、配管施工後（被覆施工前）に満水試験を行い、衛生器具を取り付けた後に通水（導通）試験を行う。

2 ○ 敷地排水管も上記同様に満水試験、通水（導通）試験を行う。

3 ○ 浄化槽は、設置完了後、満水試験を行う。浄化槽を清掃し満水状態にして24時間放置し、漏水の有無を確認する。

4 × 排水ポンプ吐出し管の試験は、水圧試験を行う。水圧試験の条件は、試験圧力がポンプ全揚程の2倍（最小0.75MPa）、最小保持時間は60分である（公共建築工事標準仕様書（機械設備工事編）第8編2.2.2）。

No. 38	工事施工（渦巻ポンプの試運転調整）	正答	2

1 ○ 膨張タンク等から注水してから、機器及び配管系の空気抜きを行い、配管系が満水状態であることを確認する。

2 × 渦巻ポンプの試運転調整は、吐出し側の弁（吐出弁）を全閉とし、瞬時運転により回転方向や異常音・異常振動を確認し、その後、吐出弁を徐々に開き規定水量に調整する。

3 ○ グランドパッキン部から一定量の水滴の滴下があることを確認する。なお、メカニカルシール方式の場合は、漏水量はほとんどないか確認する。

4○　軸受温度が周囲空気温度より過度に高くなっていないことを確認する。原則として周囲温度＋40℃未満とする。

| No. 39 | 労働安全衛生法 | 正答 | **1** |

1×　**安全衛生推進者**を選任すべき事業場は、**常時10人以上50人未満**の労働者を使用する事業場とする(労働安全衛生規則第12条の2)。

2○　事業者は、労働者を雇い入れたときは、当該労働者に対し、その従事する業務に関する**安全又は衛生のための教育を行わなければならない**(同法第59条第1項)。

3○　移動はしごは、その幅を**30cm以上**とすること、と規定されている（同規則第527条第三号）。

4○　移動はしごは、**すべり止め装置**の取り付け、その他転位を防止するために**必要な措置を講ずる**こと、と規定されている（同規則第527条第四号）。

| No. 40 | 労働基準法 | 正答 | **3** |

1○　親権者又は後見人は、**未成年者に代わって労働契約を締結してはならない**、と規定されている（労働基準法第58条第1項）。

2○　**未成年者は、独立して賃金を請求することができる**、と規定されている（同法第59条）。

3×　親権者又は後見人は、**未成年者**の賃金を代わって受け取ってはならない、と規定されている（同法第59条）。

4○　使用者は、満18才に満たない者を**午後10時から午前5時までの間**において**使用してはならない**、と規定されている。ただし、交替制により満16才以上の男性については、この限りではない（同法第61条第1項）。

| No. 41 | 建築基準法 | 正答 | **1** |

1×　主要構造部とは、**壁、柱、床（最下階の床は除く）、はり、屋根又は階段**をいう。従って、**最下階の床**は、主要構造部に**該当しない**(建築基準法第2条第五号)。

2○　上記により、**屋根**は主要構造部に**該当する**。

3○　特殊建築物に該当するのは、学校・体育館・病院・劇場・観覧場・**集会場**・展示場・市場・ダンスホール・百貨店・遊技場・公衆浴場・旅館・**共同住宅**・寄宿舎・下宿・工場・倉庫・自動車車庫・危険物の貯蔵場・と畜場・火葬場・汚物処理場その他これらに類する用途に供する建築物である。従って、**集会場は特殊建築物に該当する**(建築基準法第2条第二号)。

4○　上記により、**共同住宅は特殊建築物に該当する**。

No. 42 建築基準法　正答 **4**

1 ○ 配管設備の末端は、公共下水道、都市下水路その他の排水施設に**排水上有効に連結する**（建築基準法施行令第129条の2の4第3項第三号）。

2 ○ **構造耐力上主要な部分を貫通して配管する**場合においては、建築物の構造耐力上支障を生じないようにする（同法施行令第129条の2の4第1項第二号）。

3 ○ コンクリートへの埋設等により**腐食のおそれのある部分**には、その材質に応じ有効な腐食防止のための措置を講ずる（同法施行令第129条の2の4第1項第一号）。

4 × 排水のための配管設備の構造として、**雨水排水立て管は、汚水排水もしくは通気管と兼用し、又はこれらの管に連結しない**（昭和50年建設省告示第1597号）。

No. 43 建設業法　正答 **2**

建設業法施行規則第25条第1項には、建設業者が掲げる標識の記載事項について、下記のように規定されている。

一　一般建設業又は特定建設業の別

二　許可年月日、許可番号及び許可を受けた建設業

三　商号又は名称

四　代表者の氏名

五　主任技術者又は監理技術者の氏名

従って、2の現場代理人の氏名は規定されていない。

No. 44 建設業法　正答 **2**

1 ○ 元請負人は、その請け負った建設工事を施工するために必要な工程の細目、作業方法その他を定める場合には**下請負人の意見をきかなければならない**（建設業法第24条の2）。

2 × 建設業者は、建設工事の注文者から請求があったときは、**請負契約が成立するまでの間に**、建設工事の見積書を交付しなければならない（同法第20条第2項）。

3 ○ 工事現場における建設工事の施工に従事する者は、**主任技術者又は監理技術者**がその職務として行う**指導に従わなくてはならない**（同法第26条の4第2項）。

4 ○ 建設業者は、その請け負った建設工事をいかなる方法をもってするかを問わず、**一括して他人に請け負わせてはならない**（同法第22条第1項）。また、一括下請負の禁止の対象となる多数の者が利用する施設又は工作物に関する重要な建設工事には、**共同住宅を新築する建設工事**、が該当する（同法施行令第6条の3）。

No. 45 消防法　正答 **3**

消防法施行令第11条第1項及び第2

項には、**屋内消火栓を設置しなければ
ならない防火対象物**又はその部分が
規定されている（下表参照）。従って、
3が該当する。

| No.46 | 建設リサイクル法 | 正答 4 |

建設リサイクル法施行令第1条には、
下記に示す**特定建設資材**が規定されて
いる。

一　コンクリート

二　コンクリート及び鉄から成る建設
資材

三　木材

四　アスファルト・コンクリート

　従って、4の**アルミニウムは特定建
設資材に該当しない**。

| No.47 | 測定項目と法律
の組合せ | 正答 1 |

1×　建築物衛生法施行令第2条では、
建築物衛生管理基準の各種項目が
規定されているが、**騒音に関する
基準又は測定に関しては定められ
ていない**。なお、騒音に関する基
準又は測定、騒音値等については、

騒音規制法により規定されている。

2○　水質汚濁防止法第3条第1項の
規定に基づき、排水基準における
水素イオン濃度の基準値が定めら
れている。

3○　浄化槽法第4条第1項の規定に
基づき、**生物化学的酸素要求量
（BOD）の除去率等の基準値**が定
められている。

4○　大気汚染防止法第3条第2項第
一号には、ばい煙発生装置から排
出される、**いおう酸化物の量につ
いての許容限度**が定められている。

| No.48 | 廃棄物処理法 | 正答 1 |

1×　産業廃棄物とは、事業活動に伴っ
て生じた廃棄物のうち、政令で定
める廃棄物、と規定されている。
また、建設業に係るものについて
は、**工作物の新築、改築又は除去
に伴って生じたものに限る**と定め
られている。従って、**現場事務所
から排出される紙類、飲料空き
缶、生ごみ等は一般廃棄物である**

〔No.45　主な屋内消火栓設備を設置する防火対象物〕

| 消防施行令
別表第1の
項目 | 防火対象物 | 一般
（延べ面積m²）以上 | 地階、無窓階又は
4階以上の階
（延べ面積m²）以上 |
|---|---|---|---|
| (1) ロ | 公会堂又は**集会場** | 500（1,000）[1,500] | 100（200）[300] |
| (5) ロ | 寄宿舎、下宿又は**共同住宅** | 700（1,400）[2,100] | 150（300）[450] |
| (7) | **学校**、各種学校その他これらに類するもの | 700（1,400）[2,100] | 150（300）[450] |
| (15) | 前各号に該当しない事業場（**事務所**等） | 1,000（2,000）[3,000] | 200（400）[600] |

※（　）内数値は、準耐火構造で内装制限した建築物又は耐火構造の建築物
　[　]内数値は、耐火構造で内装制限した建築物

（廃棄物処理法第2条第4項第一号、同法施行令第2条第一〜三号）。

2 ○ 市町村は、**一般廃棄物の収集、運搬、処分を行わなければならない**。また、**事業者は、産業廃棄物を自ら処理しなければならない**（同法第6条の2、同法第11条）。

3 ○ 管理票交付者は、管理票の写しの送付を受けたときは、当該運搬又は処分が終了したことを管理票の写しにより確認し、**管理票の送付を受けた日から、5年間保存しなければならない**（同法第12条の3第6項、同法施行規則第8条の26）。

4 ○ **ポリ塩化ビフェニルを含む安定器**は、金属くずのうち、ポリ塩化ビフェニルが付着し、又は封入されたものに該当し、**特別管理産業廃棄物**として処理しなければならない（同法施行令第2条の4第五号）。

No. 49	施工管理法 （工程表）	正答	**1,3**

1 × 各作業の現時点における進行状態が達成度により把握できるのは、**ガントチャート工程表**である。**ネットワーク工程表**は、施工計画の段階での**工事手順**の検討、工事途中での**計画変更**に対処できる。また、難点となる作業が明らかとなり重点管理が可能になる。

2 ○ **バーチャート工程表**は、ネットワーク工程表に比べて、**各作業の遅れへの対策が立てにくく、作業の相互関係が不明**である。

3 × バーチャート工程表上の予定進度曲線（出来高累計曲線）は、**毎日の予定出来高が一定の場合は一直線となる**。一般的には、初期段階ではあまり出来高は上がらず、中期以降一気に上がり、終期段階ではまた緩やかになり、S字形のカーブとなる。

4 ○ **ガントチャート工程表は、各作業の変更が他の作業に及ぼす影響が不明**という欠点がある。長所は、表の作成や修正が容易で進行状況が明確なことである。

No. 50	施工管理法 （機器の据付け）	正答	**2,3**

1 ○ 遠心送風機の据付け時の調整において、**Vベルトの張りが強すぎると、軸受の過熱の原因**になる。停止状態でVベルトの張り具合は、指でつまんで90°位に捻れる程度にする。なお、Vベルトは、経年変化により伸びが生じるため、時々調整が必要である。

2 × 呼び番号2以上の送風機を天井吊りする場合は、**建築構造体（天井スラブ等）に強固に固定した溶接形鋼製の架台**に設置する。形鋼製の架台上に据え付け、架台をスラブから吊りボルトで吊るのは**呼び番号2未満の場合**である。

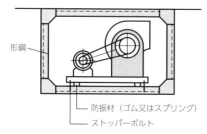

形鋼
防振材（ゴム又はスプリング）
ストッパーボルト

（1）呼び番号2未満の天井吊り据付け

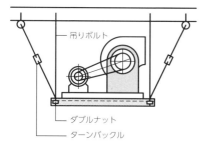

吊りボルト
ダブルナット
ターンバックル

（2）呼び番号2以上の天井吊り据付け

〔天井スラブからの送風機の据付例〕

3× 冷却塔の補給水口の高さは、ボールタップを作動させるための水頭圧が必要なので、**補給水タンクの低水位から3m以上の落差を確保**するように据え付ける。

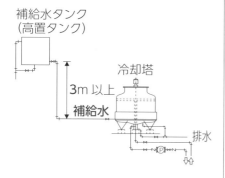

補給水タンク
（高置タンク）

冷却塔

3m 以上
補給水

排水

4○ 埋込式アンカーボルトの中心と

コンクリート基礎の端部の間隔は、一般的に、**150mm以上**とする。間隔が不十分な場合、地震時に基礎が破損することがある。

No. 51	施工管理法（配管及び 配管附属品の施工）	正 答	**2,4**

1○ 給湯用の横引き配管には、勾配を設け、管内に発生した気泡を排出させる。中央式給湯設備には、上向き給湯方式と下向き給湯方式があり、上向き給湯方式では、給湯管は**先上がり勾配**、返湯管は**先下り勾配**とし、下向き給湯方式では、給湯管、返湯管ともに**先下り勾配**とする。

2× 土中埋設の汚水排水管に雨水管を接続する場合は、**トラップ桝**を介して接続する（下図参照）。**ドロップ桝**は、上流側排水管と下流側排水管に**大きな落差がある場合**に設置される。

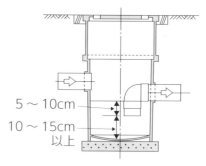

5〜10cm
10〜15cm
以上

〔トラップ桝の構造例〕

3○ 銅管やステンレス鋼管を鋼製金物で支持する場合は、ゴム等の絶

縁材を介して支持する。異種金属による腐食を防ぐことができる。

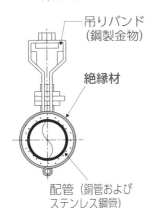

〔絶縁材付き吊りバンド〕

4 × 揚水管のウォーターハンマーを防止するためには、ポンプ吐出側に水撃防止型（衝撃吸収式）逆止弁を設ける（下図参照）。

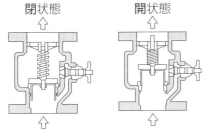

〔水撃防止型逆止弁（スモレンスキ式）の例〕

No. 52	施工管理法（ダクト及びダクト附属品の施工）	正答 **1,4**

1 × 厨房排気ダクトに設置する防火ダンパーの温度ヒューズの作動温度は120℃である。なお、一般ダクトに設置する場合は72℃、排煙ダクトに設置する場合は280℃とする。

2 ○ ダクトからの振動伝播を防ぐ必要がある場合は、ダクトの吊りは防振吊りとする。

3 ○ 長方形ダクトの断面のアスペクト比（長辺と短辺の比）は、ダクトの強度、ダクト内の圧力損失、加工性を考慮し、原則として、4以下とする。

4 × アングルフランジ工法ダクトのフランジは、ダクト本体の亜鉛鉄板にアングルを溶接加工またはリベット接合で取り付ける。ダクト本体を成型加工したものは共板フランジ工法ダクトの場合である。

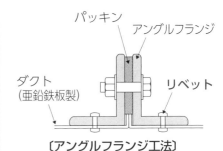

〔アングルフランジ工法〕

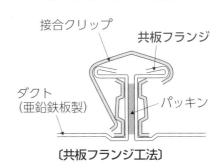

〔共板フランジ工法〕

第二次検定　必須問題

【問題1】各種施工要領図・機材に関する問題

〔設問1〕

(1) ○　低圧ダクトに用いる**コーナーボルト工法**ダクトの板厚は、アングルフランジ工法ダクトの板厚と**同じ**としてよい。なお、コーナーボルト工法には、共板フランジ工法とスライドオンフランジ工法がある。

(2) ✕　温水配管の**熱収縮を吸収**するために一般的に用いられるのは、**伸縮継手**である。**フレキシブルジョイント**は、埋設配管を建物内への引き込む部分や受水タンクと配管の接続部分に**防振・耐震用**として用いられる。

(3) ✕　**洗面器を軽量鉄骨ボード壁に取り付ける**場合は、ボードの裏面に**下地材**を設けてからビス止めでしっかり固定する。

(4) ✕　送風機の接続ダクトに風量測定口を設ける場合は、**気流が安定した整流となる位置**に取り付ける。吐出し口より管径の3倍以上離れた位置とするか、整流金網などを設けた場合は1.5倍以上離れた位置とする。

(5) ○　**排水用硬質塩化ビニルライニング鋼管**の接続は、排水鋼管用可とう継手(MDジョイント)を使用する。

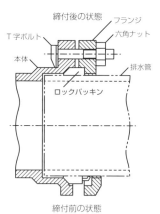

〔MDジョイントの例〕

〔設問1〕	(1)	○	(2)	✕	(3)	✕	(4)	✕	(5)	○

〔設問2〕
(6) 屋内機ドレン配管要領図（吊りに関する部分は除く）

ドレンアップ配管はドレン管の**上部**から接続する。

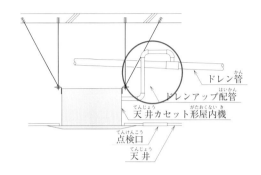

(7) 通気管取り出し要領図

通気管の取出しは、雑排水横走り管から**垂直**または**45°**以内の角度で接続する。

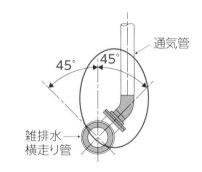

(8) 配管吊り要領図

下部の配管を**上部**の配管より吊ってはならない（**共吊り禁止**）。**天井**スラブから直接配管を吊る。

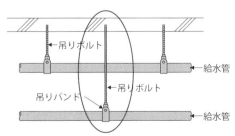

(9) 保温外装施工要領図

保温筒に巻くテープは、結露水が保温筒内に浸入しないよう、**下方**から**上方**に巻いていく。

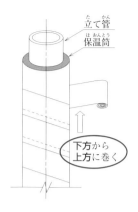

立て管
保温筒

下方から
上方に巻く

〔設問2〕	適切でない部分の理由又は改善策（解答例）
(6)	**ドレンアップ配管**はドレン管の**上部**から接続する。
(7)	通気管の取出しは、雑排水横走り管から**垂直または45°**以内の角度で接続する。
(8)	下部の配管を**上部**の配管より吊ってはならない（**共吊り禁止**）。天井スラブから**直接配管**を吊る。
(9)	保温筒に巻くテープは、結露水が保温筒内に浸入しないよう、**下方**から**上方**に巻いていく。

第二次検定　選択問題（問題２か問題３）

【問題2】 空調設備の施工上の留意事項

[空冷ヒートポンプ式パッケージ形空気調和機と全熱交換ユニットを事務室に設置する場合]

(1) 冷媒管（断熱材被覆銅管）の吊りに関する留意事項

①硬質の**幅広バンド**（保護プレート）で支持し、配管荷重による断熱材の潰れを防止する。

②断熱粘着テープの重ね巻きとし、配管荷重による支持金具の断熱材への食い込みを吸収する。

(2) 配管完了後の冷媒管又はドレン管の試験に関する留意事項

①冷媒配管は、配管完了後、高圧ガス保安法に定める基準にしたがって、窒

　　　素ガスなどを用いて**気密試験**を行う。

　　②ドレン配管は、配管完了後、保温施工前に**通水試験**を行う。

(3) 給排気ダクト（全熱交換ユニット用）の施工に関する留意事項

　　①スパイラルダクトの**差込接合**は、継手の外面にシール材を塗布して直管に差し込み、鋼製ビスで固定し、継目を**ダクト用テープで2重巻き**とする。

　　②スパイラルダクトの曲り部の内側半径は、ダクトの半径以上とする。

(4) 給排気口（全熱交換ユニット用）を外壁面に取り付ける場合の留意事項

　　①給排気ダクトは、給排気口（ベントキャップ）に向かって**下がり勾配**とする。

　　②ダクトと外壁の隙間にシーリングを施すなど、**防水処理**を行う。

	留意事項（解答例）
(1)	硬質の**幅広バンド**（保護プレート）で支持し、配管荷重による断熱材の潰れを防止する。
(2)	冷媒配管は、配管完了後、高圧ガス保安法に定める基準にしたがって、窒素ガスなどを用いて**気密試験**を行う。
(3)	スパイラルダクトの**差込接合**は、継手の外面にシール材を塗布して直管に差し込み、鋼製ビスで固定し、継目を**ダクト用テープで2重巻き**とする。
(4)	給排気ダクトは、給排気口（ベントキャップ）に向かって**下がり勾配**とする。

【問題3】給排水設備の施工上の留意事項

[事務所の2階便所の排水管を硬質ポリ塩化ビニル管にて施工する場合]

(1) 管の切断又は切断面の処理に関する留意事項

　　①配管の**切断**は、専用のカッターや目の細かいのこぎりで管軸に対して**直角**に切断する。

　　②切断面はリーマなどで**面取り**を行い、差し口および受け口の清掃を十分に行う。

(2) 管の接合に関する留意事項

　　①TS式差込み接合とし、管内が段違いにならないように接合する。

　　②接着剤を受け口と差し口、かつ円周方向に適量に塗り、差し込み後、一定の時間押さえておく。なお、はみ出した接着剤は拭きとる。

(3) 横走り配管の勾配又は吊りに関する留意事項

①横走り配管の勾配は75・100Aの場合は1/100、65A以下の場合は1/50とする。

②横走り配管の吊りは、単管で一本吊りの支持間隔は1m以下とし、複数管の場合の型鋼振れ止めを8m以下とする。

(4) 配管完了後の試験に関する留意事項

①排水管の試験は、満水試験を行い、衛生器具等の取付け完了後、通水試験を行う。

②満水試験を行う場合は、測定箇所までの注水は水頭3m以上とし、水位を計測する。その後、60分以上時間を置き、再び水位を計測し、水位低下がないことを確認する。

	留意事項（解答例）
(1)	配管の**切断**は、専用のカッターや目の細かいのこぎりで**管軸に対して直角に切断**する。
(2)	**TS式差込み接合**とし、**管内が段違い**にならないように接合する。
(3)	横走り配管の**勾配は75・100Aの場合は**1/100、**65A以下の場合は**1/50とする。
(4)	排水管の試験は、**満水試験**を行い、衛生器具等の**取付け完了後**、通水試験を行う。

第二次検定 選択問題（問題4か問題5）

【問題4】工程管理（バーチャート工程表の作成）

		解答	
〔設問1〕	(1)	30日	
	(2)	①22日目	②保温
〔設問2〕	(3)	25日	
	(4)	82%	

参考資料

図**A**：〔設問1〕（1）（2）

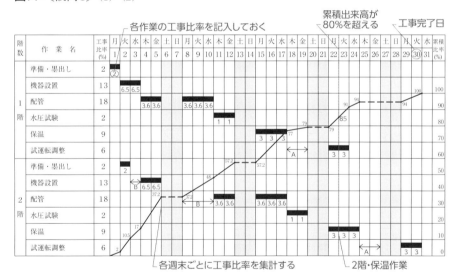

各作業の工事比率を記入しておく
累積出来高が80％を超える
工事完了日
各週末ごとに工事比率を集計する
2階・保温作業

←A→ ： 〔施工条件〕⑤により、保温施工後の2日間は、同一階部分での設備工事は実施できない期間を示す。

←B→ ： 〔施工条件〕④により、同一作業は1階の作業完了後でなければ、2階の作業が実施できない期間を示す。

【解説】

〔設問1〕(1)(2)…図Aを参照

　まず、〔施工条件〕をよく読み、理解しておくことが重要である。

　解答するには、バーチャート工程表及び累積出来高曲線を作成する必要がある。

（ただし、バーチャート工程表及び累積出来高曲線の作成に関しては、採点対象外となる。）

　同時に、1・2階の作業名の順番を整理・把握して、作業用の工程表に記入する。

　本問題では、「準備・墨出し」→「機器設置」→「配管」→「水圧試験」→「保温」→「試運転調整」の順となる。

(1)

　1階のバーチャート工程表の記入から開始する。（〔施工条件〕①・②・③・⑤・⑥・⑦により）

・最初の「**準備・墨出し**」は、1日（月）に始まり、作業日数が1日であるため、**同日**で完了する。

・「**機器設置**」は、2日（火）〜3日（水）で完了する。（作業日数が2日のため）

・「**配管**」は、4日（木）〜10日（水）で完了する。（作業日数が5日であるが、6日と7日は〔施工条件〕の⑦により作業日とすることができないため）

・「**水圧試験**」は、11日（木）〜12日（金）で完了する。（作業日数が2日のため）

・「**保温**」は、15日（月）〜17日（水）で完了する。（作業日数が3日のため）

・「**試運転調整**」は、22日（月）〜23日（火）で完了する。（作業日数が2日であるが、〔施工条件〕の⑤により「保温」施工後2日間は天井貼り作業のため、18日（木）〜19日（金）は設備工事を行うことができない。また、20日と21日は〔施工条件〕の⑦により作業日とすることができないため）

　続いて、2階のバーチャート工程表の記入を行う。（〔施工条件〕の④・⑤に注意する）

・最初の「**準備・墨出し**」は、〔施工条件〕の④によって2日（火）に始まり、作業日数が1日であるため、**同日**で完了する。

・「**機器設置**」は、〔施工条件〕の④によって4日（木）〜5日（金）で完了する。（1階の「機器設置」が完了した後から開始し、作業日数が2日のため）

・「**配管**」は、〔施工条件〕の④によって11日（木）〜17日（水）で完了する。（1階の「配管」が完了した後から開始し、作業日数が5日であるが、13日と14日は〔施工条件〕の⑦により作業日とすることができないため）

・「**水圧試験**」は、18日（木）〜19日（金）で完了する。（2階の「配管」が完了した後から開始し、作業日数が2日であるため）

・「**保温**」は、22日（月）〜24日（水）で完了する。（作業日数が3日であるが、20日と21日は〔施工条件〕の⑦により作業日とすることができないため）

・「**試運転調整**」は、29日（月）〜30日（火）で完了する。（作業日数が2日であるが、〔施工条件〕の⑤により「保温」施工後2日間は天井貼り作業のため、25日（木）〜26日（金）は設備工事を行うことができない。また、27日と28日は〔施工条件〕の⑦により作業日とすることができないため）

　上記により、**工事全体の工期日数は、2階部分の工事が完了する30日**となる。

(2)

　累積出来高は、その日までに完了している作業の工事比率を累積して求めていく。

　作業工程表の最右欄の累積比率が0%の罫線から累積のグラフを作成する。（2階の「試運転調整」の項の部分）

　最も早い作業は1階の「準備・墨出し」であり、工事比率は2%であるため、1日（月）のグラフは2%の曲線となる。

　次にひとつの作業が完了しているものは2階の「準備・墨出し」であり、2日（火）のグラフは、1階の「準備・墨出し」の2%＋2階の「準備・墨出し」の2%＋作業中の1階の「機器設置」の6.5%（「機器設置」の工事比率は13%であり作業日数が2日から13%／2日＝6.5%）により10.5%となる。

　継続して、ひとつの作業が完了する日に合わせて累積比率のグラフを作成していく。
①作成したグラフにより、累積比率が80%を超えるのは、工事開始日から22日目となる。
②すでに作成しているバーチャート工程表により、工事開始日から22日目に2階で行われている作業は「保温」であることがわかる。

参考資料

図B：〔設問2〕（3）（4）

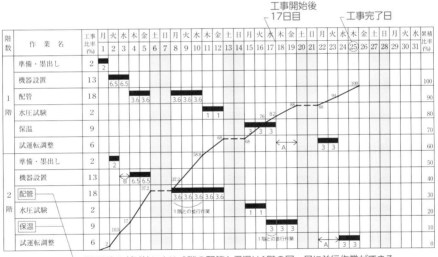

　　── 〔設問2〕の（条件）により、2階の配管と保温は1階の同一日に並行作業ができる

⟵—A—⟶ ：〔施工条件〕⑤により、保温施工後の2日間は、同一階部分での設備工事は実施できない期間を示す。

⟵—B—⟶ ：〔施工条件〕④により、同一作業は1階の作業完了後でなければ、2階の作業が実施できない期間を示す。

【解説】

〔設問2〕(3)(4)…図Bを参照

(3)

　（条件）により、1階と2階の「配管」及び「保温」については、同一作業を並行できる作業工程を作成していく。（ただし、その他の作業については並行作業ができないので注意する）

・「準備・墨出し」は、1、2階では並行作業ができないため、2階の「準備・墨出し」は、1階の「準備・墨出し」が完了した2日（火）となる。（作業日数は1日）

・1階の「機器設置」は、1階の「準備・墨出し」が完了した2日（火）〜3日（水）で実施するが、2階の「機器設置」は1階と並行作業ができないため、4日（木）〜5日（金）となる。（作業日数は2日）

・1階の「配管」は、1階の「機器設置」が完了した4日（木）〜10日（水）までとなる。（作業日数は5日であるが、6日と7日は〔施工条件〕の⑦により作業日とすることができないため）

・1階の「水圧試験」は、1階の「配管」が完了した11日（木）〜12日（金）までとなる。（作業日数は2日）

・2階の「配管」は、2階の「機器設置」が完了した後の8日（月）〜12日（金）までとなる。なお、8日（月）〜10日（水）までは1階の「配管」作業中であるが、「配管」は（条件）により並行作業ができる。（作業日数は5日であるが、6日と7日は〔施工条件〕の⑦により作業日とすることができないため）

・1階の「保温」は、1階の「水圧試験」が完了した15日（月）〜17日（水）までとなる。（作業日数は3日であるが、13日と14日は〔施工条件〕の⑦により作業日とすることができないため）

・2階の「水圧試験」は、2階の「配管」が完了した15日（月）〜16日（火）までとなる。（作業日数は2日であるが、13日と14日は〔施工条件〕の⑦により作業日とすることができないため）

・1階の「試運転調整」は、22日（月）〜23日（火）で完了する。（作業日数が2日であるが、〔施工条件〕の⑤により「保温」施工後2日間は天井貼り作業のため、18日（木）〜19日（金）は設備工事を行うことができない。また、20日と21日は〔施工条件〕の⑦により作業日とすることができないため）

・2階の「保温」は、2階の「水圧試験」が完了した17日（水）〜19日（金）までとなる。

・なお、17日（水）は1階の「保温」作業中であるが、「保温」は（条件）により並行作業ができる。（作業日数は3日）

・2階の「試運転調整」は、24日（水）〜25日（木）で完了する。（作業日数が2日であるが、〔施工条件〕の⑤により「保温」施工後2日間は天井貼り作業のため、22日（月）〜23日（火）は設備工事を行うことができない。また、20日と21日は〔施工条件〕の⑦により作業日とすることができないため）

　上記により、工期短縮による工事全体の工期日数は、2階部分の工事が完了する25日となる。

(4)

　　累積出来高は、その日までに**完了**している作業の**工事比率**を累積して求めていく。

　　作業工程表の最右欄の**累積比率が0%の罫線から累積のグラフを作成**する。（2階の「試運転調整」の項の部分）

　　最も早い作業は1階の「準備・墨出し」であり、工事比率は**2%**であるため、1日（月）のグラフは**2%**の曲線となる。

　　次にひとつの作業が完了しているものは2階の「準備・墨出し」であり、2日（火）のグラフは、1階の「準備・墨出し」の2%＋2階の「準備・墨出し」の2%＋作業中の1階の「機器設置」の6.5%（「機器設置」の工事比率は13%であり作業日数が2日から13%／2日＝6.5%）により**10.5%**となる。

　　継続して、ひとつの作業が完了する日に合わせて累積比率のグラフを作成していく。

　　上記で作成したグラフにより、**工事開始日から17日目の作業終了時点での累積出来高は、82%**となる。

【問題5】法規（労働安全衛生法）

〔設問1〕

(1) 事業者は、**作業場に通ずる場所**及び**作業場内**には、労働者が使用するための安全な**通路**を設け、かつ、これを常時有効に**保持**しなければならない。（労働安全衛生規則第540条第1項）

(2) 事業者は、**架設通路**については、**勾配は30度以下**とすること。ただし、**階段を設けたもの**又は**高さが2m未満**で、丈夫な手掛を設けたものはこの限りでない。（同規則第552条第1項第二号）

〔設問2〕

(3) 事業者は、ボール盤、面取り盤等の**回転する刃物に作業中の労働者の手が巻き込まれるおそれ**のあるときは、当該労働者に**手袋を使用させてはならない。**（労働安全衛生規則第111条第1項）

〔設問1〕	(1)	A	通路
		B	保持
	(2)	C	2
		D	30
〔設問2〕	(3)	E	手袋

第二次検定　必 須 問 題

【問題6】 経験記述 （令和5年度の解答例は次ページに記載）

書き方の留意事項

〔記述上の注意点〕

①**文字の記入**は、下記について注意する。

・文字は**ていねい**に書くことを心掛ける。（誤記は必ず**消しゴム**で削除する）

・くせ字、文字が小さい、文字が傾いている、文字が薄い、などに気を付ける。

・誤字及び**脱字**がないか、記入後に**チェック**を行う。

②**試験用紙の罫線**（行）内で記述文をまとめ、下記について注意する。

・罫線（行）を**はみ出して**記入しない。

・罫線（行）を**増やして**記入しない。

・規定の罫線（行）が**余らない**ようにする。

・ひとつの罫線（行）には、35〜40文字程度で記入する。

③各記述は、参考書等の記述を**丸写し**をしない。

〔設問1〕の注意点

①**工事名**は、建物名称及び担当した各種**設備工事**名称を記入する。

※管工事施工管理に関する**実務経験**として認められる工事、工事内容については、2級管工事施工管理技術検定「受験の手引」を参照。

②**設備工事概要**は、建物の**規模**（延べ面積、構造、階数）、設備の**工事種別**（空調、換気、給排水など）、**設備機器**（能力及び台数）、**配管材**（材質と口径など）について、具体的に記入する。

〔設問2・3〕の注意点

①「工程の管理」「工事現場の**安全管理**」「施工上の**品質管理**」のうちから、2つのテーマが出題されるため、上記3つのテーマについて想定しておく。

②「**特に重要と考えた事項**」については、以下のように記述文を構成するとよい。

（例）「○○となるため、○○が予想されたので、○○に留意した。」

③「**とった措置又は対策**」については、以下のように記述文を構成するとよい。

（例）「○○を防止するため、○○との協議を行い、○○について指示を行った。」

【問題6】 経験記述

解答例（参考）

〔設問1〕

(1) 工事名　　　　　　　○○ビル新築工事に伴う空調設備工事

(2) 工事場所　　　　　　○○県○○市○○町1－3

(3) 設備工事概要　設備工事概要　延べ面積：2,650m²、構造規模：鉄骨造4階建て
空調設備：空冷ヒートポンプパッケージ（マルチ）25kW×
10台

(4) 現場でのあなたの立場又は役割　　現場代理人

〔設問2〕 品質管理

(1) 特に重要と考えた事項

　　現場搬入される空調機が、設計仕様書および設計図面に整合していることを
確認することが重要と考え、現場受け入れ時のチェック体制の検討を担当作業
員に指示することとした。

(2) とった措置又は対策

　　機器類の納入仕様書を確認し、同時に現場作業員に対しても周知を徹底する
とともに、現場受け入れ検査を実施して、機器に付属する試験調整書および保
証書、仕様書も同時にチェックした。

〔設問3〕 安全管理

(1) 特に重要と考えた事項

　　室外機が屋上設置となるため、クレーンを使用した揚重作業に際して、重機
使用時の安全対策および作業員や周辺への事故防止を徹底することが重要と考
えた。

(2) とった措置又は対策

　　重機の現場入場時や退場時に、複数の誘導員を配置し、通行者への事故防止
を徹底するとともに、クレーン揚重作業時に、転倒等が生じないようにアウト
リガーを最大限張り出すように指示した。

2級管工事施工管理技術検定 第二次検定 **解答例**

第二次検定　必須問題

【問題1】各種施工要領図・機材に関する問題

〔設問1〕

(1) ○　自立機器で縦横比の大きいパッケージ形空気調和機や制御盤等は、コンクリート基礎上に据え付け、防振ゴムパッドを敷き水平に据え付ける。防振基礎とする時は、耐震ストッパーを設ける。また、**頂部支持材**（転倒防止金物）**の取り付け**は、原則として、**2箇所以上**とする。

(2) ×　汚水槽・排水槽の通気管は、一般の通気管とは**別系統とし単独に大気に開放**する。なお、管径は**最小50mm以上**とする。

(3) ○　パイプカッターは、管径が**小さい銅管**や**ステンレス鋼管の切断**に使用される。なお、鋼管の新設配管での使用は好ましくない。

(4) ×　送風機とダクトを接続するたわみ継手（キャンバス継手）の両端のフランジ間隔は、**150mm以上**とする。

(5) ○　長方形ダクトのかどの継目（はぜ）は、ダクトの強度を保つため、ピッツバーグはぜかボタンパンチスナップはぜを使用し原則として、**2箇所以上**とする。

〔設問1〕	(1)	○	(2)	×	(3)	○	(4)	×	(5)	○

〔設問2〕

(6) 送風機回りダンパー取り付け要領図

　送風機の吐出直後の気流は**偏流**が大きくなるので、ダンパーをダクトの拡大後の**気流が整流されたところに設ける**。

吐出直後に設けない

風量調節ダンパー
たわみ継手
送風機

〔設問2〕（6）の図

(7) パッケージ形空気調和機屋外機設置要領図

　前方向のスペースが**狭すぎる**。一般的には、前方向は500mm以上、背面は100mm以上とする。

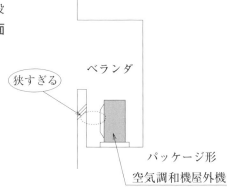

〔設問2〕(7) の図

〔設問2〕	適切でない部分の理由又は改善策（解答例）
(6)	吐出し直後の空気は**偏流**が大きいので、ダンパーはダクト拡大後の整流されたところに設ける。
(7)	前方向のスペースが狭すぎるので、**前方向は500mm以上、背面は100mm以上**とする。

〔設問3〕

(8) 中間階便所平面詳細図

　①給水設備

　　　適切でない部分の理由：仕切弁（GV）が床下にあるので、点検修理を行う場合、**仕切弁の操作**を下階天井で行うことになる。

　　　改善策：一般には、トイレと同じ階のパイプシャフト内で、**床上1.5m程度立ち上げ**、その階で**仕切弁の操作ができる**ようにする。

　②排水・通気設備

　　　適切でない部分の理由：ループ通気管が床下で配管されているので、通気管に**逆流**するおそれがあり通気管の役目をしない。

　　　改善策：パイプシャフト内で、その階における最高位置の器具の**あふれ縁より150mm以上立ち上げ、通気立て管に接続**する。

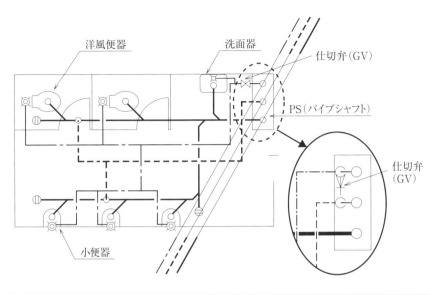

洋風便器　　　　　　洗面器　　　仕切弁（GV）

PS（パイプシャフト）

仕切弁（GV）

小便器

〔設問3〕		適切でない部分の理由又は改善策（解答例）
(8)	①給水設備	パイプシャフト内で床上に立ち上げ、その階で仕切弁の操作ができるようにする。
	②排水・通気設備	パイプシャフト内で、その階における最高位置の器具のあふれ縁より150mm以上立ち上げ、通気立て管に接続する。

第二次検定　選択問題（問題2か問題3）

【問題2】空調設備の施工上の留意事項

[換気設備のダクトをスパイラルダクトで施工する場合]

(1) スパイラルダクトの接続を差込接合とする場合の留意事項

　①差し込む前に、直管と継手の両端の折れ曲がりやへこみなどを確認する。

　②接合する時は、継手の**外面にシール材を塗布**して直管に差し込み**鉄板ビス**止めし、その上を、**ダクト用テープ**で差込み長さ以上の外周を二重巻きする。

(2) スパイラルダクトの吊り又は支持に関する留意事項

　①長方形ダクトと同じように、**形鋼と吊り用ボルト**を使用する。

　②横走りダクトの吊り間隔は、**4,000mm以下**とする。

③横走り主ダクトは、地震などで脱落しないように**12m以下**ごとに振れ止め支持をする。

（3）スパイラルダクトに風量調節ダンパーを取り付ける場合の留意事項

①気流が**整流**されたところに設ける。また、風量の測定口も風量調節ダンパーの後の気流が**整流**されたところに設ける。

②調節ハンドルが**操作しやすく、ダンパー開度が見やすい場所**に取り付ける。

③多翼送風機の吐出直後は、偏流を起こすので、**風量調節ダンパー（VD）の軸を送風機の羽根車の軸と直角**になるように取り付ける。

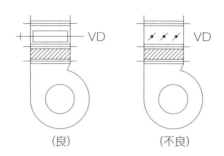

（良）　　　　　（不良）

（4）スパイラルダクトが防火区画を貫通する場合の貫通部処理に関する留意事項（防火ダンパーに関する事項は除く。）

①防火壁と防火ダンパーの間の風道は、厚さ**1.5mm以上の鉄板**とする。又は、鉄網モルタル等の不燃材で被覆した短管にする。

②貫通孔は、**モルタル等で穴埋め**をする。

	留意事項（解答例）
（1）	差し込む前に、直管と継手の**両端の折れ曲がりやへこみ**などを確認する。
（2）	横走り主ダクトは、地震などで脱落しないように**12m以下**ごとに振れ止め支持をする。
（3）	気流が**整流**されたところに設ける。
（4）	防火壁と防火ダンパーの間の風道は、厚さ**1.5mm以上の鉄板**とする。

【問題3】給排水設備の施工上の留意事項

[給水管（水道用硬質ポリ塩化ビニル管、接着接合）を屋外埋設する場合]

(1) 管の埋設深さに関する留意事項

①公道部分は1.2m以上、宅地内（車両道路部分）は0.6m以上、その他は0.3m以上。

②硬質ポリ塩化ビニル管の場合は、**自由支承**（基礎が管の変形とともに変わる砂など）の基礎とする。

(2) 排水管との離隔に関する留意事項

①ほかの埋設管との間隔は**30cm以上**とする。

②給水管と排水管（汚水管）が平行して埋設される場合は、原則として水平実間隔は、**500mm以上**とする。

③止むを得ず排水管などと上下にクロスする場合は、**給水管を上**にする。

(3) 水圧試験に関する留意事項

①水圧試験は、一般に配管完了後の**被覆施工する前**に各区画ごとに行い、建築工事の仕上げをする前に終わらせておく。

②管の試験圧力は、**1.75MPa以上**とする。

(4) 管の埋戻しに関する留意事項

①土被り150mm程度の深さに**埋設表示テープ**を埋設する。

②埋設した管路は**標示柱**などで示す。

	留意事項（解答例）
(1)	埋設深さは、一般に宅地内使用のため車庫等は**0.6m以上**、その他は**0.3m以上**とする。
(2)	ほかの埋設管との間隔は**30cm以上**とする。
(3)	管の試験圧力は、**1.75**MPa**以上**とする。
(4)	土被り150mm程度の深さに**埋設表示テープ**を埋設する。

【問題４】工程管理（バーチャート工程表の作成）

		解答例	
〔設問1〕	(1)	30日	
	(2)	①67%	②冷温水配管
〔設問2〕	(3)	23日	
	(4)	①87.5%	②保温
〔設問3〕		S字曲線、Sカーブ、バナナ曲線	

参考資料

図A：〔設問1〕（1）（2）

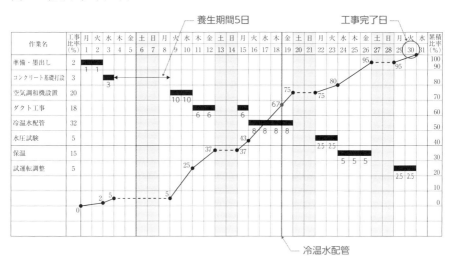

【解説】

〔設問1〕（1）（2）…図Aを参照

　まず、〔施工条件〕をよく読み、理解しておくことが重要である。

　解答するには、バーチャート工程表及び累積出来高曲線を作成する必要がある。

　（ただし、バーチャート工程表及び累積出来高曲線の作成に関しては、採点対象外となる。）

　同時に、作業名の順番を整理・把握して、作業用の工程表に記入する。

　本問題では、「**準備・墨出し**」→「**コンクリート基礎打設**」→「**空気調和機設置**」→「**ダクト工事**」→「**冷温水配管**」→「**水圧試験**」→「**保温**」→「**試運転調整**」の順となる。

※〔施工条件〕の⑤より、「**コンクリート基礎打設**」後に「**空気調和機設置**」を行う。

※〔施工条件〕の⑥より、「**空気調和機設置**」後に、「**ダクト工事**」をその他作業に先行して行う。

（1）

　バーチャート工程表の記入から開始する。

・最初の「**準備・墨出し**」は、1日（月）に始まり、作業日数が2日であるため、2日（火）で完了する。（〔施工条件〕の①により、「準備・墨出し」は工事の初日に開始する）

・「**コンクリート基礎打設**」は、作業日数が1日であるため、3日（水）で完了する。

　　ただし、〔施工条件〕の④により、コンクリート基礎打設後の5日間はすべての作業に着手できないことに注意する。

　　また、〔施工条件〕の⑦により、土曜日、日曜日は現場の休日であるが、養生期間は休日を使用できるため、6日（土）と7日（日）も養生期間に含むこととする。

　　従って、養生期間は4日（木）～8日（月）までとなる。

・「**空気調和機設置**」は、作業日数が2日であるため、9日（火）～10日（水）で完了する。

・「**ダクト工事**」は、11日（木）～15日（月）で完了する。（作業日数が3日であるが、13日と14日は休日となり、〔施工条件〕の⑦により作業日とすることができないため）

・「**冷温水配管**」は、作業日数が4日であるため、16日（火）～19日（金）で完了する。

・「**水圧試験**」は、作業日数が2日であるため、22日（月）～23日（火）で完了する。（20日と21日は休日となり、〔施工条件〕の⑦により作業日とすることができないため）

・「**保温**」は、作業日数が3日であるため、24日（水）～26日（金）で完了する。

・「**試運転調整**」は、作業日数が2日であるため、29日（月）～30日（火）で完了する。（27日と28日は休日となり、〔施工条件〕の⑦により作業日とすることができないため）

　　上記により、**工事全体の工期日数は30日**となる。

(2)

　累積出来高は、その日までに完了している作業の工事比率を累積して求めていく。

　作業工程表の最右欄の累積比率が0%の罫線から累積のグラフを作成する。

　最も早い作業は1日目の「準備・墨出し」であり、工事比率は2%であるため、2日（火）のグラフは2%の曲線となる。

　次に作業が進行しているものは「コンクリート基礎打設」であり、3日（水）のグラフは、2%＋3%＝5%となる。

　継続して、ひとつの作業が完了する日及び週毎に合わせて累積比率のグラフを作成していく。

　工事開始から18日目は「冷温水配管」の作業3日目となり、「冷温水配管」の作業日数4日で工事比率は32%となるため、32%／4日＝8%／日と考えられる。

　作業3日目は、8%×3日＝24%とし、前作業である「ダクト工事」完了時の累積工事比率の43%に加算すると、43%＋24%＝67%となる。

①上記により、作成したグラフから、**工事開始18日目の累積比率は67%となる。**

②また、**工事開始18日目の作業名は「冷温水配管」である。**

参考資料
図B：〔設問2〕（3）（4）

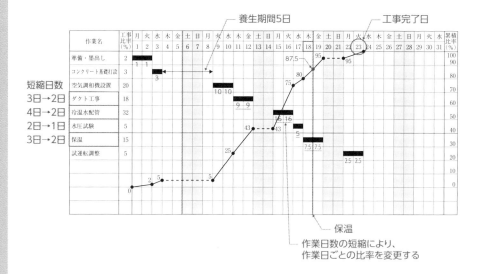

162

【解説】

〔設問2〕（3）（4）…図Bを参照

（3）

　工期短縮のため、指定された作業は人員を増員して行い、その**増員した割合で作業日数を短縮できるため、各作業の作業日数を増員した割合の数値で換算しておく。**

　（条件）の①により、「**ダクト工事**」作業は、1.5倍に人員を増員するため、作業日数3日／1.5＝作業日数2日に短縮できる。

　（条件）の①により、「**冷温水配管**」作業は、2倍に人員を増員するため、作業日数4日／2＝作業日数2日に短縮できる。

　（条件）の①により、「**保温**」作業は、1.5倍に人員を増員するため、作業日数3日／1.5＝作業日数2日に短縮できる。

　また、（条件）の②により、「**水圧試験**」も「冷温水配管」と同じ割合（＝2倍）に短縮できるので、「水圧試験」の作業日数2日／2＝作業日数1日に短縮できる。

　次に工期短縮のため、指定された作業（「ダクト工事」・「冷温水配管」・「保温」・「水圧試験」）は、各短縮した作業日数に変更して、〔設問1〕と同様にバーチャート工程表を作成する。

　上記により、**工事全体の工期日数は23日となる。**

（4）

　工期短縮のため、指定された作業は人員を増員して行い、その**増員した割合で作業日数を短縮できるため、各作業の工事比率を増員した割合の数値で換算しておく。**

　（条件）の①により、「**ダクト工事**」作業は、1.5倍に人員を増員するため、作業日数3日／1.5＝作業日数2日に短縮できる。

　従って、「ダクト工事」の工事比率18％／作業日数2日＝**9％**／日となる。

　（条件）の①により、「**冷温水配管**」作業は、2倍に人員を増員するため、作業日数4日／2＝作業日数2日に短縮できる。

　従って、「冷温水配管」の工事比率32％／作業日数2日＝**16％**／日となる。

　（条件）の①により、「**保温**」作業は、1.5倍に人員を増員するため、作業日数3日／1.5＝作業日数2日に短縮できる。

　従って、「保温」の工事比率15％／作業日数2日＝**7.5％**／日となる。

　また、（条件）の②により、「**水圧試験**」も「冷温水配管」と同じ割合（＝2倍）に短縮できるので、「水圧試験」の作業日数2日／2＝作業日数1日に短縮できる。

　従って、「水圧試験」の工事比率5％／作業日数1日＝**5％**／日となる。

　次に工期短縮のため、指定された作業（「ダクト工事」・「冷温水配管」・「保温」・「水圧試験」）は、各短縮した作業日数による工事比率に変更して、〔設問1〕と同様に累積出来高曲線を作成する。

　工事開始から18日目は「**保温**」の作業1日目となり、「**保温**」の作業日数2日で工事比率は15％となるため、15％／2日＝**7.5％**／日と考えられる。

　前作業である「水圧試験」完了時の累積工事比率の80％に加算すると、80％＋7.5％＝**87.5％**となる。

①上記により、作成したグラフから、**工事開始18日目の累積比率は87.5%となる。**

②また、**工事開始18日目の作業名は「保温」である。**

〔設問3〕

　累積出来高曲線は、その形状から、「S字曲線（Sカーブ）」や「バナナ曲線」と呼ばれている。

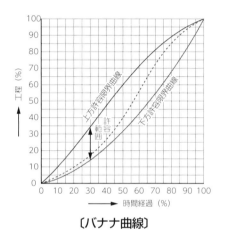

〔バナナ曲線〕

164

【問題5】 法規（労働安全衛生法及び労働基準法）

〔設問1〕

　事業者は、**クレーンの運転その他の業務で、政令で定めるもの**については、都道府県労働局長の当該業務に係る免許を受けた者、又は当該業務に係る**技能講習を修了した者**、その他資格を有する者でなければ、当該**業務に就かせてはならない**、と規定されている。（労働安全衛生法第61条第1項）

　また、上記政令で定めるものとは、**機体重量が3トン以上の車両系建設機械**で、動力を用い、かつ不特定の場所に自走することができるものの運転（道路上を走行させる運転を除く。）の業務と定めている。

　同時に、制限荷重が1トン以上の揚貨装置又はつり上げ荷重が1トン以上のクレーン、**移動式クレーン**もしくはデリックの**玉掛け業務**についても定められている。（同法施行令第20条第十二号、十六号）

　使用者は、満18歳に満たない者に、厚生労働省令で定める**危険な業務に就かせてはならない**、と規定されている。（労働基準法第62条第1項）

　なお、年少者労働基準規則では、厚生労働省令で定める危険な業務について、**クレーンの運転の業務及びクレーンの玉掛けの業務**（2人以上の者によって行う玉掛けの業務における補助作業を除く。）、**高さが5m以上の場所で、墜落により労働者が危害を受けるおそれのあるところにおける業務**を定めている。（年少者労働基準規則第8条第三号、十号、二十四号）

〔設問2〕

　事業者は、**足場**（一側足場及び吊り足場を除く）における高さ**2m以上**の作業場所には、次に定めるところにより、作業床を設けなければならない。

イ　幅は、**40cm以上**とすること。

ロ　床材間のすき間は、**3cm以下**とすること。

ハ　床材と建地とのすき間は、**12cm未満**とすること。

（労働安全衛生規則第563条第1項第二号）

〔設問1〕	A	技能講習
	B	移動式
	C	18
	D	5
〔設問2〕	E	40

【問題6】経験記述

解答例（参考）

〔設問1〕

(1) 工事名　　　　　○○マンション新築工事に伴う衛生設備工事

(2) 工事場所　　　　○○県○○市○○町1－3

(3) 設備工事概要　延べ面積：4,500m²、構造規模：RC造5階建て

　　　　　　　　　　衛生設備：受水槽25m³×1基、加圧給水ポンプ40φ×165L/

　　　　　　　　　　分×2.2kW×1組

(4) 現場でのあなたの立場又は役割　　　工事主任

〔設問2〕工程管理

(1) 特に重要と考えた事項

　　発注者による設計内容の変更に伴い、衛生器具類の現場納入時期について遅
延が見込まれたため、発注期間の短縮を図ることが重要と考えた。

(2) とった措置又は対策

　　全体の工程への影響を防止するため、発注者及び設計監理者との協議を密に行い、
変更となった衛生器具の発注に関する指示を前倒しして行った。

〔設問3〕品質管理

(1) 特に重要と考えた事項

　　鋼板製のパネル組立型受水槽であることから、材質上、熱伝導率が大きいため、
結露対策を講じ、防錆措置に関する対策を行うことが重要であると考えた。

(2) とった措置又は対策

　　水槽内上部の気層部分と液相部分に使用するボルトナットや補強材は腐食防
止のため合成ゴム材又は合成樹脂材で被覆したものを使用するように指示を徹
底した。

2級管工事施工管理技術検定 第二次検定 **解答例**

第二次検定　必須問題

【問題1】各種施工要領図・機材に関する問題

〔設問1〕

(1) 〇　アンカーボルトは、機器の据付け終了後、ボルト頂部のねじ山がナットから**3山程度出る長さ**とする。

(2) ✕　硬質ポリ塩化ビニル管の接着（TS）接合では、**テーパ形状の受け口側と差し口側の両側に接着剤を少なめに均一に塗布し、しばらく押さえておく。**

(3) ✕　鋼管のねじ加工の検査では、テーパねじリングゲージを**手締めではめ合わせて、管端がゲージの切欠きの範囲（a）にあるかを確認**する（右図）。

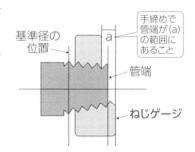

基準径の位置
手締めで管端が（a）の範囲にあること
a
管端
ねじゲージ

(4) ✕　ダクト内を流れる風量が同一の場合、ダクトの断面寸法を小さくすると、ダクト内の風速が速まり**送風動力は大きくなる。**

(例)　風量：1,000m³/hで、断面積寸法：

350×200⇒小さく300×200にすると、**風速は、次のように大きく（速く）なり、送風動力も大きくなる。**

風量（m³/h）＝面積（m²）×風速（m/s）×3,600

$$風速（m/s）＝\frac{1,000}{(0.35×0.2)×3,600}≒4（m/s）⇒\frac{1,000}{(0.30×0.2)×3,600}≒4.6（m/s）$$

(5) 〇　遠心送風機の吐出し口の近くにダクトの曲がりを設ける場合、曲がり方向は送風機の回転方向と**同じ方向**とする。

曲がり方向は**回転方向と同じ**

〔設問1〕	(1)	〇	(2)	✕	(3)	✕	(4)	✕	(5)	〇

〔設問2〕

(6) **カセット形パッケージ形空気調和機**は重量物のため、**天井にじかに据え付けるのではなく**、スラブ打設前に**インサート金物を入れ吊りボルトで床スラブから吊る**。なお、床スラブや天井に振動が伝わらないように**ハンガーボルト**などを取り付け防振に配慮する。

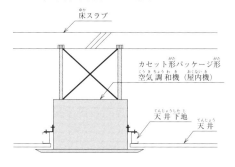

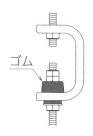

〔ハンガーボルト〕

(7) **通気管末端の開口位置**は、出入口や窓など開口部から**上方600mm以上と**する。600mm以上立ち上げられない場合は、**水平方向に3m以上離す。**

(8) **フランジ継手のボルトの締付け順序**は、**トルクレンチを使用して、片締めにならないように均等にボルトを仮締めし**、締付けは数回に分けて徐々に締め付けていく。順序としては、**対角にボルト1⇒3⇒2⇒4**の順で締め付けていく（右図）。

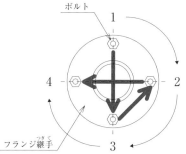

〔設問2〕	適切でない部分の理由又は改善策（解答例）
(6)	吊りボルトを使用して**床スラブ**から吊り、振動が伝わらないように**ハンガーボルト**などで取り付ける。
(7)	通気管の末端は、出入口や窓など開口部から**上方600mm以上**、水平方向に**3m以上離す。**
(8)	トルクレンチを使用して、片締めしないように**対角に1⇒3⇒2⇒4**の順で締め付けていく。

〔設問3〕

(9) 飲料用高置タンク回り配管要領図における排水口空間は、全て最小150mmとする。

〔設問3〕	排水口空間Ａの必要最小寸法
(9)	最小150mm

第二次検定 選択問題（問題２か問題３）

【問題2】空調設備の施工上の留意事項

[空冷ヒートポンプパッケージ形空気調和機の冷媒管（銅管）を施工する場合]

(1) 管の切断又は切断面の処理に関する留意事項

①冷媒管の切断は、銅管用パイプカッターや金のこ、電動のこ盤などを用いて管の軸に対して直角に行う。

②切断面の処理は、スクレーパーでばり（突起物）を取り、リーマで面取りを行う。

(2) 管の曲げ加工に関する留意事項

①手動ベンダーを使用して、楕円にならないように注意して曲げる。

②曲げの角度は、最大90度とするように加工する。加熱加工はしてはならない。

(3) 管の差込接合に関する留意事項

①差込接合をする前には、接合部を入念に清掃し乾燥させる。

②冷媒管のろう付けは硬ろうを使用し、酸化防止のために管内に窒素ガスを流しながら接合する。

(4) 管の気密試験に関する留意事項

①配管接続完了後、高圧ガス保安法に定める基準に従って窒素ガスなどを用いて行う。

②気密試験終了後は、真空ポンプを使い配管内の気圧を真空状態に近付け管内に残った水分を外部に放出させる。

	留意事項（解答例）
(1)	切断面の処理は、スクレーパーで**ばり取り**、リーマで**面取り**を行う。
(2)	曲げの角度は、**最大90度**とするように加工する。
(3)	差込接合をする前には、**接合部**を入念に清掃し**乾燥**させる。
(4)	気密試験終了後は、管内に残った水分を**蒸発**させて**真空状態**とする。

【問題3】給排水設備の施工上の留意事項

[ガス瞬間湯沸器を住宅の外壁に設置し、浴室への給湯管を施工する場合]

(1) 湯沸器の配置に関し、運転又は保守管理の観点からの留意事項

　　①空気の**流通**が良く、**風雨や直接太陽**にさらされない場所に設置する。

　　②周囲には、物を置かないようにし、**点検修理が容易にできるような場所に**
　　　設置する。

(2) 湯沸器の据付けに関する留意事項

　　①湯沸器は、**水平に堅固**に据え付ける。

　　②湯沸器は、**アース**を付ける。

(3) 給湯管の敷設に関する留意事項

　　①給湯管は、凹凸を避けて、**エア抜き、水抜き**を設ける。

　　②**土間配管やコンクリート内配管は避ける**。

(4) 湯沸器の試運転調整に関する留意事項

　　①ガス管の**エアパージ**（空気を抜く）**が終了**していることを**確認**する。

　　②パイロットバーナー（口火バーナー）に着火させ**口火の安全装置の作動確**
　　　認をする。

	留意事項（解答例）
(1)	空気の**流通**が良く、**風雨や直接太陽**にさらされない場所に設置する。
(2)	**水平に堅固**に据え付ける。
(3)	給湯管は、凹凸を避けて、**エア抜き、水抜き**を設ける。
(4)	パイロットバーナーに着火させ**口火の安全装置の作動確認**をする。

第二次検定　選択問題（問題4か問題5）

【問題4】工程管理（バーチャート工程表の作成）

		解答例		
〔設問1〕	(1)	31日		
	(2)	① 19日目	② 保温	③ 配管
	(3)	複数階において、同一の作業を繰り返し施工する場合に適している。		
〔設問2〕	(4)	26日		
	(5)	1日		

参考資料

図A：〔設問1〕（1）（2）（3）

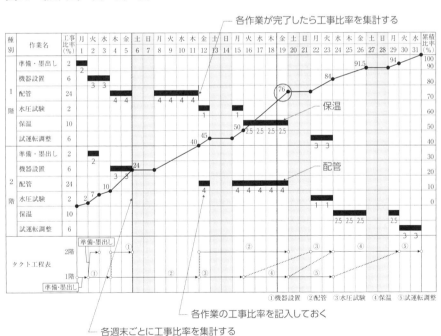

各作業が完了したら工事比率を集計する

各作業の工事比率を記入しておく

各週末ごとに工事比率を集計する

【解説】
〔設問1〕（1）（2）（3）…図Ａを参照

　まず、〔施工条件〕をよく読み、理解しておくことが重要である。

　解答するには、バーチャート工程表及び累積出来高曲線を作成する必要がある。

　（ただし、バーチャート工程表及び累積出来高曲線の作成に関しては、採点対象外となる。）

　同時に、1・2階の作業名の順番を整理・把握して、作業用の工程表に記入する。

　本問題では、「準備・墨出し」→「機器設置」→「配管」→「水圧試験」→「保温」→
「試運転調整」の順となる。

（1）

　1階のバーチャート工程表の記入から開始する。（〔施工条件〕の③・④により）

・最初の「準備・墨出し」は、1日（月）に始まり、作業日数が1日であるため、同日で
　完了する。

・「機器設置」は、2日（火）〜3日（水）で完了する。（作業日数が2日のため）

・「配管」は、4日（木）〜11日（木）で完了する。（作業日数が6日であるが、6日と7
　日は休日となり、〔施工条件〕の⑥により作業日とすることができないため）

・「水圧試験」は、12日（金）〜15日（月）で完了する。（作業日数が2日であるが、
　13日と14日は休日となり、〔施工条件〕の⑥により作業日とすることができないため）

・「保温」は、16日（火）〜19日（金）で完了する。（作業日数が4日のため）

・「試運転調整」は、22日（月）〜23日（火）で完了する。（作業日数が2日であるが、
　20日と21日は休日となり、〔施工条件〕の⑥により作業日とすることができないため）

　続いて、2階のバーチャート工程表の記入を行う。（〔施工条件〕の③に注意する）

・最初の「準備・墨出し」は、〔施工条件〕の③によって2日（火）に始まり、作業日数
　が1日であるため、同日で完了する。

・「機器設置」は、〔施工条件〕の③によって4日（木）〜5日（金）で完了する。（1階の「機
　器設置」が終了した後から開始し、作業日数が2日のため）

・「配管」は、〔施工条件〕の③によって12日（金）〜19日（金）で完了する。（1階の「配
　管」が終了した後から開始し、作業日数が6日であるが、13日と14日は休日となり、〔施
　工条件〕の⑥により作業日とすることができないため）

・「水圧試験」は、22日（月）〜23日（火）で完了する。（1階の「水圧試験」が終了
　した後から開始し、作業日数が2日であるが、20日と21日は休日となり、〔施工条件〕
　の⑥により作業日とすることができないため）

・「保温」は、24日（水）〜29日（月）で完了する。（作業日数が4日であるが、27日
　と28日は休日となり、〔施工条件〕の⑥により作業日とすることができないため）

・「試運転調整」は、30日（火）〜31日（水）で完了する。（作業日数が2日であるため）

　上記により、工事全体の工期日数は、2階部分の工事が終了する31日となる。

(2)

　累積出来高は、その日までに完了している作業の工事比率を累積して求めていく。

　作業工程表の最右欄の累積比率が0%の罫線から累積のグラフを作成する。（2階の「水圧試験」の項の部分）。最も早い作業は1階の「準備・墨出し」であり、工事比率は2%であるため、1日（月）のグラフは2%の曲線となる。

　次にひとつの作業が完了しているものは2階の「準備・墨出し」であり、2日（火）のグラフは、1階の「準備・墨出し」の2%＋2階の「準備・墨出し」の2%＋作業中の1階の「機器設置」の3%（「機器設置」の工事比率は6%であり作業日数が2日から6%÷2日＝3%）により7%となる。継続して、ひとつの作業が完了する日に合わせて累積比率のグラフを作成していく。

①作成したグラフにより、**累積比率が70%を超える**のは、工事開始日から19日目となる。

②すでに作成しているバーチャート工程表により、**工事開始日から19日目に1階で行われている作業**は「保温」であることがわかる。

③同様に、**工事開始日から19日目に2階で行われている作業**は「配管」であることがわかる。

(3)

　タクト工程表は、同一作業が繰り返される場合に適している。

参考資料

図B：〔設問2〕（4）

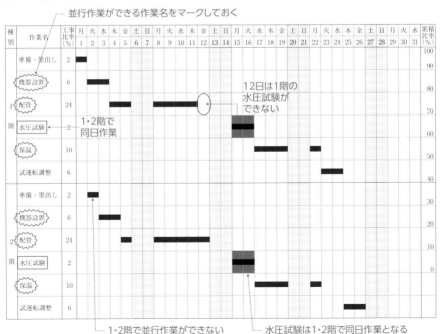

【解説】

〔設問2〕（4）…図Bを参照

（条件）の①により、1階と2階の「**機器設置**」と「**配管**」及び「**保温**」については、同一作業を並行できる作業工程を作成していく。

- 「**準備・墨出し**」は、1、2階では並行作業ができないため、2階の「**機器設置**」は、2階の「準備・墨出し」が完了した3日（水）〜4日（木）となる。（作業日数は2日）
- 4日（木）ではすでに1階の「**配管**」が開始されているが、2階の「**配管**」は5日（金）〜12日（金）となる。（作業日数が6日であるが、6日と7日は**休日**となり、〔施工条件〕の⑥により作業日とすることができないため）
- 1階の「**配管**」は11日（木）に完了しているが、次の「**水圧試験**」は並行作業できないため、1階は12日（金）の作業を行えない。
- （条件）の②により、「**水圧試験**」は1、2階で同日に実施となっているため、15日（月）〜16日（火）となる。
- 「**保温**」は並行作業ができるため、1、2階ともに17（水）〜22日（月）となる。（作業日数が4日であるが、20と21日は休日となり、〔施工条件〕の⑥により作業日とすることができないため）
- 最後の「**試運転調整**」は並行作業ができないため、1階が23日（火）〜24（水）、2階はその完了により25日（木）〜26日（金）となる。

　上記により、**工事全体の工期日数は26日となる**。

参考資料
図C：〔設問2〕（5）

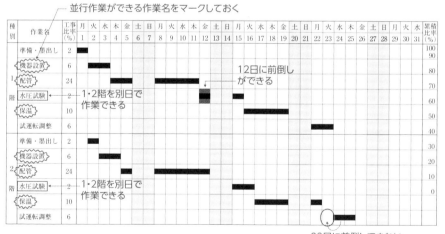

【解説】

〔設問2〕（5）…図Cを参照

　（条件）の②により、1階と2階の「水圧試験」については、同一作業を並行とするか、又は1、2階で別の日に行うかで作業工程を作成していく。

・**(4)** のバーチャート工程表の作成により、1階の「**配管**」は11日（木）に完了しており、次の「**水圧試験**」は12日（金）に実施することができる。

　従って1階の「**水圧試験**」は、12日（金）〜15日（月）となる。（作業日数が2日であるが、13日と14日は休日となり、〔施工条件〕の⑥により作業日とすることができないため）

・1階の「**保温**」は、16日（火）〜19日（金）となる。（作業日数が4日のため）

・1階の「**試運転調整**」は、22日（月）〜23日（火）となる。（作業日数が2日であるが、20日と21日は休日となり、〔施工条件〕の⑥により作業日とすることができないため）

・**(4)** のバーチャート工程表の作成により、2階の「**保温**」は22日（月）に完了しているが、1階の「**試運転調整**」が23日（火）まで行われているため、2階の「**試運転調整**」は24日（水）〜25日（木）となる。

　上記により、**工事全体の工期日数は25日となり、(4) の工期日数よりも、1日短縮**となる。

令和3年度解説　第二次検定

【問題5】法規（労働安全衛生法）

〔設問1〕

(1)　**安全衛生推進者の選任**は、都道府県労働局長の登録を受けた者が行う講習を修了した者、その他法令に定める業務を担当するため必要な能力を有すると認められる者のうちから、安全衛生推進者を選任すべき事由が発生した日から**14日以内**に行わなければならない、と規定されている。（労働安全衛生規則第12条の3第1項第一号）

(2)　事業者は、その事業場の業種が政令で定めるものに該当するときは、新たに職務につくこととなった**職長**その他作業中の労働者を直接指導又は監督する者に対し、作業方法の決定及び労働者の配置に関すること、労働者に対する指導又は監督の方法に関すること、並びに労働災害を防止するため必要な事項について**安全又は衛生のための教育**を行わなければならない、と規定されている。（労働安全衛生法第60条）

〔設問2〕

(3)　事業者は、高さが2m以上の作業床の端、開口部等で墜落により労働者に危険を及ぼす危険がある箇所には、**囲い、手すり、覆い**等を設けなければならない、と規定されている。（労働安全衛生規則第519条第1項）

(4)　事業者は、高さ又は深さが1.5mを超える箇所で作業を行うときは、当該作業に従事する労働者が**安全に昇降するための設備等**を設けなければならない。労働者は、安全に昇降するための設備等が設けられたときは、当該設備等を使用しなければならない、と規定されている。（同規則第526条）

〔設問1〕	(1)	A	都道府県労働局長
		B	14
	(2)	C	職長
〔設問2〕	(3)	D	2
	(4)	E	1.5

第二次検定　必須問題

【問題6】経験記述

解答例（参考）

〔設問1〕

（1）工事名　　　　　○○ビル改修工事に伴う空調設備工事

（2）工事場所　　　　○○県○○市○○町1－3

（3）設備工事概要　　延べ面積：2,500㎡、構造規模：鉄骨造3階建て

　　　　　　　　　　空調設備：空冷ヒートポンプパッケージ（マルチ）25kW×
　　　　　　　　　　5台

（4）現場でのあなたの立場又は役割　　現場代理人

〔設問2〕**工程管理**

（1）特に重要と考えた事項

　　工程上において雨季作業となったため、空調機及び冷媒配管の現場保管や機
器の設置作業、冷媒配管の接続工事に支障がないように留意した。

（2）とった措置又は対策

　　機器の現場搬入後の仮置きに際しては、降雨時の対策としてシート養生を徹底し、
室外機の設置後の冷媒配管作業や電気工事は天候状況を確認しながら実施する
ように指示を行った。

〔設問3〕**安全管理**

（1）特に重要と考えた事項

　　屋上部分への室外機の揚重作業に際して、機器や部品等の落下による工事関
係者及び通行者への安全計画に関して留意した。

（2）とった措置又は対策

　　機器の搬入経路や仮置き場所の確保と同時に、クレーン重機の配置計画及び
揚重計画、作業の時間の指定といった事項に関してクレーン重機の運転員と現
場作業員との調整を徹底した。

年度　第一次検定

・配点は 1 問 1 点。
・答え合わせに便利な正答一覧と合格基準は、本冊 P.189 ～ 191

／40

解 答 用 紙

No.1	① ② ③ ④	No.23	① ② ③ ④	No.45	① ② ③ ④
No.2	① ② ③ ④	No.24	① ② ③ ④	No.46	① ② ③ ④
No.3	① ② ③ ④	No.25	① ② ③ ④	No.47	① ② ③ ④
No.4	① ② ③ ④	No.26	① ② ③ ④	No.48	① ② ③ ④
No.5	① ② ③ ④	No.27	① ② ③ ④	No.49	① ② ③ ④
No.6	① ② ③ ④	No.28	① ② ③ ④	No.50	① ② ③ ④
No.7	① ② ③ ④	No.29	① ② ③ ④	No.51	① ② ③ ④
No.8	① ② ③ ④	No.30	① ② ③ ④	No.52	① ② ③ ④
No.9	① ② ③ ④	No.31	① ② ③ ④		
No.10	① ② ③ ④	No.32	① ② ③ ④		
No.11	① ② ③ ④	No.33	① ② ③ ④		
No.12	① ② ③ ④	No.34	① ② ③ ④		
No.13	① ② ③ ④	No.35	① ② ③ ④		
No.14	① ② ③ ④	No.36	① ② ③ ④		
No.15	① ② ③ ④	No.37	① ② ③ ④		
No.16	① ② ③ ④	No.38	① ② ③ ④		
No.17	① ② ③ ④	No.39	① ② ③ ④		
No.18	① ② ③ ④	No.40	① ② ③ ④		
No.19	① ② ③ ④	No.41	① ② ③ ④		
No.20	① ② ③ ④	No.42	① ② ③ ④		
No.21	① ② ③ ④	No.43	① ② ③ ④		
No.22	① ② ③ ④	No.44	① ② ③ ④		

コピーしてお使いください。

年度　第一次検定

・配点は 1 問 1 点。
・答え合わせに便利な正答一覧と合格基準は、本冊 P.189 ～ 191

／ 40

解 答 用 紙

No.1	① ② ③ ④	No.23	① ② ③ ④	No.45	① ② ③ ④
No.2	① ② ③ ④	No.24	① ② ③ ④	No.46	① ② ③ ④
No.3	① ② ③ ④	No.25	① ② ③ ④	No.47	① ② ③ ④
No.4	① ② ③ ④	No.26	① ② ③ ④	No.48	① ② ③ ④
No.5	① ② ③ ④	No.27	① ② ③ ④	No.49	① ② ③ ④
No.6	① ② ③ ④	No.28	① ② ③ ④	No.50	① ② ③ ④
No.7	① ② ③ ④	No.29	① ② ③ ④	No.51	① ② ③ ④
No.8	① ② ③ ④	No.30	① ② ③ ④	No.52	① ② ③ ④
No.9	① ② ③ ④	No.31	① ② ③ ④		
No.10	① ② ③ ④	No.32	① ② ③ ④		
No.11	① ② ③ ④	No.33	① ② ③ ④		
No.12	① ② ③ ④	No.34	① ② ③ ④		
No.13	① ② ③ ④	No.35	① ② ③ ④		
No.14	① ② ③ ④	No.36	① ② ③ ④		
No.15	① ② ③ ④	No.37	① ② ③ ④		
No.16	① ② ③ ④	No.38	① ② ③ ④		
No.17	① ② ③ ④	No.39	① ② ③ ④		
No.18	① ② ③ ④	No.40	① ② ③ ④		
No.19	① ② ③ ④	No.41	① ② ③ ④		
No.20	① ② ③ ④	No.42	① ② ③ ④		
No.21	① ② ③ ④	No.43	① ② ③ ④		
No.22	① ② ③ ④	No.44	① ② ③ ④		

コピーしてお使いください。

※**問題1は必須問題です。必ず解答してください。**

【問題1】

〔設問1〕	(1)		(2)		(3)		(4)		(5)	
〔設問2〕		適切でない部分の理由又は改善策								
	(6)									
	(7)									
	(8)									
	(9)									

※問題2と問題3の2問題のうちから1問題を選択し、解答してください。選択した問題は、**選択欄**に○印を記入してください。

【問題2】　選択欄　☐

留意事項	
(1)	
(2)	
(3)	
(4)	

【問題3】　選択欄　☐

留意事項	
(1)	
(2)	
(3)	
(4)	

※問題４と問題５の２問題のうちから１問題を選択し、解答してください。選択した
　問題は、**選択欄に○印**を記入してください。

【問題４】　選択欄

〔設問1〕	(1)					
	(2)	①		②		
〔設問2〕	(3)					
	(4)					

【問題５】　選択欄

〔設問1〕	(1)	A	
		B	
	(2)	C	
		D	
〔設問2〕	(3)	E	

【問題6】

〔設問1〕	(1)	工事名	
	(2)	工事場所	
	(3)	設備工事概要	
	(4)	現場でのあなたの立場又は役割	

		特に重要と考えた事項	
〔設問2〕	(1)		
		とった措置又は対策	
	(2)		

		特に重要と考えた事項	
〔設問3〕	(1)		
		とった措置又は対策	
	(2)		

令和4年度 第二次検定 解答用紙

※141%に拡大コピーしてお使いください。

※問題1は必須問題です。必ず解答してください。

【問題1】

〔設問1〕	(1)		(2)		(3)		(4)		(5)	

〔設問2〕		適切でない部分の理由又は改善策							
	(6)							
	(7)							

〔設問3〕	(8)		適切でない部分の理由又は改善策						
		①							
		②							

184

※問題2と問題3の2問題のうちから1問題を選択し、解答してください。選択した
　問題は、**選択欄に○印を記入**してください。

【問題2】　　　　　　　　　　　　　　　　　　　　　　　選択欄 ☐

	留意事項
(1)	
(2)	
(3)	
(4)	

【問題3】　　　　　　　　　　　　　　　　　　　　　　　選択欄 ☐

	留意事項
(1)	
(2)	
(3)	
(4)	

※問題４と問題５の２問題のうちから１問題を選択し、解答してください。選択した問題は、**選択欄に○印**を記入してください。

【問題４】 選択欄 ☐

〔設問１〕	(1)				
	(2)	①		②	
〔設問２〕	(3)				
	(4)	①		②	
〔設問３〕					

【問題５】 選択欄 ☐

〔設問１〕	A	
	B	
	C	
	D	
〔設問２〕	E	

【問題6】

〔設問1〕	(1)	工事名	
	(2)	工事場所	
	(3)	設備工事概要	
	(4)	現場でのあなたの立場又は役割	

		特に重要と考えた事項		
〔設問2〕	(1)			
		とった措置又は対策		
	(2)			

		特に重要と考えた事項		
〔設問3〕	(1)			
		とった措置又は対策		
	(2)			

187

令和３年度 第二次検定 解答用紙

※141%に拡大コピーしてお使いください。

※問題１は必須問題です。必ず解答してください。

【問題１】

〔設問１〕	(1)		(2)		(3)		(4)		(5)	

〔設問２〕		適切でない部分の理由又は改善策				
	(6)	
	(7)	
	(8)	

〔設問３〕		排水口空間Ａの必要最小寸法
	(9)	

※問題２と問題３の２問題のうちから１問題を選択し、解答してください。選択した問題は、**選択欄に○印**を記入してください。

【問題2】　選択欄

	留意事項
(1)	
(2)	
(3)	
(4)	

【問題3】　選択欄

	留意事項
(1)	
(2)	
(3)	
(4)	

189

※問題４と問題５の２問題のうちから１問題を選択し、解答してください。選択した
　問題は、**選択欄に○印**を記入してください。

【問題４】

選択欄

〔設問1〕	(1)							
	(2)	①		②		③		
	(3)							
〔設問2〕	(4)							
	(5)							

【問題５】

選択欄

〔設問1〕	(1)	A	
		B	
	(2)	C	
〔設問2〕	(3)	D	
	(4)	E	

190

※問題6は必須問題です。必ず解答してください。

【問題6】

〔設問1〕	(1)	工事名	
	(2)	工事場所	
	(3)	設備工事概要	
	(4)	現場でのあなたの立場又は役割	

〔設問2〕		特に重要と考えた事項
	(1)	
		とった措置又は対策
	(2)	

〔設問3〕		特に重要と考えた事項
	(1)	
		とった措置又は対策
	(2)	

※矢印の方向に引くと正答・解説編が取り外せます。